除了野蛮国家，整个世界都被书统治着。

司母戊工作室
诚挚出品

[日] 户田久实 / 著
[日] 安藤俊介 / 主编
—— 刘文玲 / 译

献给总是生气的你
以及不能好好生气的你

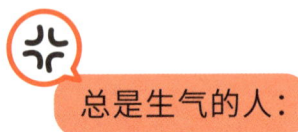

总是生气的人：

会显得不够成熟
一个没有大人样的人，不论男女老少，都很难与之交往。

会被当成麻烦
人们会说："我可不想和那种人扯上关系。"

不知不觉就被孤立了
反应过来之后觉得有点寂寞……

自己也很累
总是生气的话,自己才是最痛苦的。

不能好好生气的人:

会被认为是在扮好人
对所有人都好的人,反而不受欢迎。

会显得优柔寡断
也会让周围的人感到烦躁……

没有可以说真心话的对象

不说真心话，就无法与人建立亲密的关系。

情绪会积累起来，越来越痛苦

说不出口的话越来越多，连自己都开始讨厌自己……

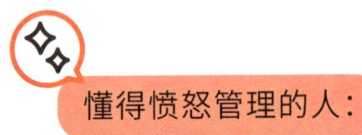 懂得愤怒管理的人:

看上去很坦率
 不管大人还是小孩,大家都喜欢坦率的人。

看上去干脆果断
 不加修饰的态度会让人感觉很好。

声望更高
 因为能考虑到周围的人,所以自然受人仰慕。

能够获得他人的爱
只有先建立起良好的人际关系,才能成为对某个人来说特别的存在。

喜欢自己
因为一切都很自然,所以自己也觉得很轻松。

每天都很幸福
不会积累愤怒,所以活得很快乐。

序 言

今天又发火了……
我又把想说的话憋了回去……
你有过这样郁闷的时候吗?

愤怒管理是一种让人可以很好地处理愤怒情绪的方法。不论是商务人士还是家庭主妇,老人还是孩子,任何人都可以轻松驾驭。

为了让不擅长读书的人,或是没有时间读书的人,都能一眼就看明白关键要点,本书用图表和插画的方式对愤怒管理进行了简单易懂的说明。

> 学会有效生气

如果你掌握了愤怒管理的方法，可以得到以下收获：

① 不必再忍受不必要的压力
② 人际交往变得轻松
③ 喜欢上自己

按照本书介绍的思维方式和操作方法来实践的话，你与他人的沟通会变得截然不同——

烦躁的情绪消失了！

意思表达得很清楚！

你能理解我，我很开心！

无论是总是生气的你，还是不能好好生气的你，都应当学会这些方法，建立起既不会伤害他人也不会导致自我厌憎的人际关系！

2016 年 10 月

户田久实

目录 CONTENTS

序言 I

Part 1 愤怒管理是什么？

- ⓪ 在电车里碰到了没礼貌的人，你会怎么做？ 002
- ① 什么是愤怒管理？ 006
- ② 并不是不能生气 008
- ③ 不实践就无法掌握愤怒管理 010

Part 2 愤怒有哪些特征？

- ① 所谓的愤怒究竟是什么？ 014
- ② 愤怒的特征 018
- ③ 愤怒会给人造成困扰的两个原因 020
- ④ 愤怒是一种表达心情的方式 022

学会有效生气

5 关于愤怒的3个"误解" 024
6 会造成问题的4种愤怒 028
7 愤怒的情绪持续下去会变成怨恨和憎恶 032
8 愤怒是一种次级情绪 034
9 人的心中有个杯子 036
10 杯子的大小因人而异 038
11 愤怒的情绪高峰只有6秒 041
12 愤怒的5种性质 043

Part 3 认识自己的愤怒

1 愤怒的原因是什么？ 052
2 "应该"因人而异 054
3 "应该"的程度因人而异 056
4 明确"生气"与"不生气"的界线 058
5 努力传达界线 062
6 努力扩大"应该"的边界 065
7 让"应该"的界线稳定下来 067
8 在愤怒累积起来之前着手处理 069

目 录

Part 4 这样对待愤怒

1. 比起原因和过去,更应该关注的是解决方案和未来想变成什么样 072
2. 增加表示愤怒的词汇 076
3. 语言越丰富,表达越清晰 078
4. 表达时要重视双方的理由和立场 080
5. 攻击型 082
6. 被动型 084
7. 善于沟通型 086
8. 避免过度发散、夸大其词和指责 088
9. 避免错误的批评方式 090
10. 批评时需要注意的 3 个方面 094
11. 为自己的情绪负责 100
12. 切断愤怒的连锁 102

学会有效生气

Part 5 愤怒时的应对方法

1. 愤怒管理包括掌握应对方法和改善体质　106
2. 记录愤怒　108
3. 写出自己认为的"应该"　110
4. 给愤怒打分　112
5. 通过数数让心情平静下来　114
6. 中断思考,什么都不想　116
7. 默念让自己冷静下来的话　118
8. 默念能让心态变得积极的话　120
9. 回想过去的成功体验　122
10. 留出时间收拾心情　124
11. 写出无法改变的事情　126
12. 写出令你感到担忧的事情　130
13. 记录开心的事情和成功的体验　132
14. 使用集中意识的技巧　134

目录

15 想象令人愤怒的问题已经得到解决　138

16 平静一整天　142

17 写下你想做的改变　144

18 深呼吸　146

19 让身体放松　148

20 投入地扮演一个理想人物　150

21 跟自己辩论　152

22 打破无效的模式　156

23 请第三方从中调解　158

结束语　163

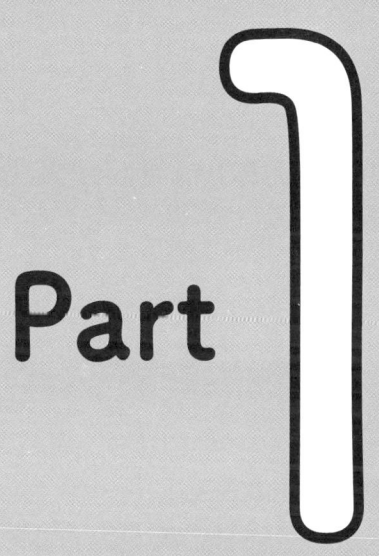

Part 1

愤怒管理是什么?

> 学会有效生气

Lesson 0

在电车里碰到了没礼貌的人,你会怎么做?

▎你会提醒他吗?还是不会呢?

你在电车里遇到了没礼貌的人。
真是一看就让人恼火!
在这种时候,应该怎么做才好呢?

例如,有个男人双腿叉开,一个人占了两个座位;还有个20多岁的年轻女性,一直在那里化妆;另外一个男的

Part 1 愤怒管理是什么?

在大口吃汉堡;还有个不到20岁的小伙子,坐在那里不肯给老年人让座;等等。

像这样不讲礼貌的人是不对的!在这种时候,凡是正义感强、有道德心的人,都会心里上火吧。

遇见这种情况,如果是你的话,会怎么做呢?

有人认为:不讲礼貌是不对的,必须制止这种行为!所以我会去提醒他!但也有人觉得:反正提醒了也没用,所以还是假装没看到吧。

▎选择"去提醒"的你

如果你选择了"去提醒他",那么需要注意:不要做出愤怒的行为。

虽然没礼貌的人让你感到恼火,但你当然不能对其大声怒骂,更不能突然冲上去拳打脚踢,和他扭打在一起。如果这么做了,可能会惹上麻烦。

另外,即使冷静地提醒对方,对方也还是有可能会恼羞成怒。**如果你觉得就算令对方生气，让自己惹上麻烦，也应该把话说出来，那么就去做吧。**

▌选择"不去提醒"的你

如果去提醒他的话，可能被反过来骂一通，所以还是算了吧……

也许你是这么想的，觉得"算了吧"，这样也没问题。但你还是需要注意，不要做出下面这种行为。

虽然没有去警告他，但是这个不讲礼貌的人很不像话！不能原谅！这样的想法越来越强烈，于是你烦躁不安地瞪着对方，为了让对方听到而故意发出恼人的叹息。

如果你这样做了，那么虽然你选择了不去提醒，也会一直被针对对方的愤怒所影响。

还有一种选择，就是**既然看到这种没礼貌的人会很烦躁，不**

Part 1 愤怒管理是什么？

如干脆眼不见为净，挪到其他车厢去，或是换到远一点的座位上去。

但有些人这么做了之后，又会觉得：

因为对方而特意躲开，感觉自己输了！真不甘心！

如果你也有这种感受，那么一定要好好想一想，这是否真的意味着你输了。

原本，你就没有必要和对方一决胜负。

你只需做出决定，是想要一直烦躁不安，还是想要保持平静的自我。

把时间花在被愤怒摆布上，也未免太浪费了吧？

当你被激怒的时候，建议不要任由愤怒情绪左右你的行为，也不要一直烦躁不安。

Lesson 1
什么是愤怒管理？

帮助人们应对愤怒情绪的教育项目

愤怒管理是20世纪70年代美国开发的一种"情绪理解教育项目"，用于帮助人们更好地应对愤怒情绪。

该课程开发之初，主要在加利福尼亚州实施，被作为针对家庭暴力犯罪者和轻刑犯的矫正课程。

由于效果显著，**现在，该课程已经被美国各地的教育机构和企业广泛使用**。通过该课程的培训，可以减少学校等机构内的纠纷，缓解职场中针锋相对的紧张感，打造良好的工作氛围，从而达到提高学习成绩和工作绩效的目的。

所谓愤怒管理，就是一种帮助人们更好地应对愤怒情绪的心理教育和心理训练。

Part 1 | 愤怒管理是什么？

愤怒管理的理念正在传播开来

在各类场所中得到了有效的使用

学会有效生气

Lesson 2
并不是不能生气

愤怒管理就是不要因为愤怒而后悔

所谓愤怒管理,就是"不因愤怒而后悔"[①]的意思。

其追求的目标并非"不可以生气""要压抑怒火,一直忍耐",而是要学会在需要发火的时候恰当地发火,在不发火也没关系的时候不会发火。

你有没有过这样的经历:一不小心就生气了,事后又觉得:要是当时没发脾气就好了……如果不是那么一点就着,便不会总是遇到因为自己"搞砸了"而后悔这种事了。

还有另一种体验:心里明明憋着话,却又说不出口,结果一直耿耿于怀。你遇到过这样的事情吗?在这种时候,如果能明确地告诉对方:"我希望你不要这么做。"你就不

---

① 这是日本愤怒管理协会对愤怒管理的定义。

会事后后悔,总是在想"要是当时把火撒出来就好了"。

一旦学会了愤怒管理,就能避免上面这两种情况,不会再因为随便发火或者没有发火而后悔了。

愤怒管理的定义

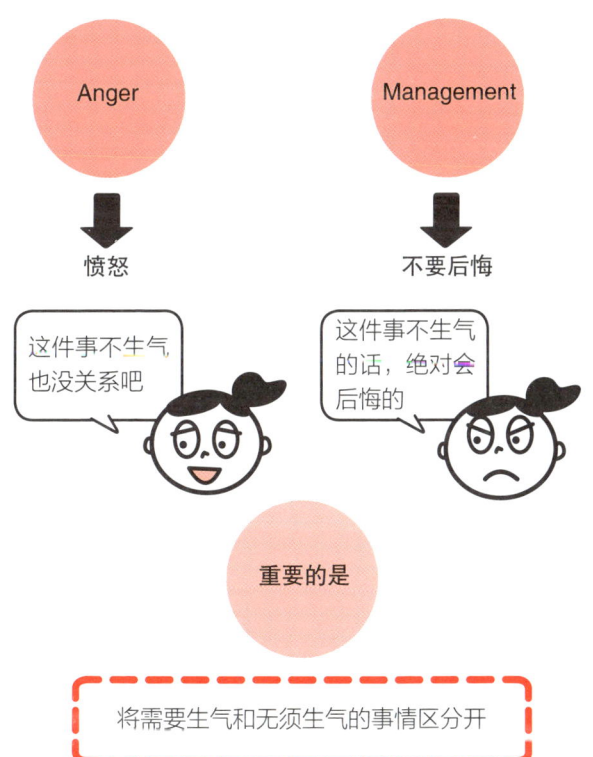

Lesson 3
不实践就无法掌握愤怒管理

▍从力所能及的事情开始

愤怒管理是一种心理训练。只掌握信息和知识是没用的,"知道"和"做到"是两回事。

举个例子,假设你想学会打网球。

只是阅读介绍网球知识的书、购买网球拍,是学不会打网球的。必须从挥拍、触球开始,一点一滴地练习。

减肥也是如此。就算读了减肥书,知道了减肥的方法,但如果不采取实际行动,就不可能瘦下来。

愤怒管理亦然。**必须在日常生活中,从力所能及的地方开始,一点一滴地努力**。只要坚持下去,自然而然就能掌握愤怒管理的方法了。

因此,首先从行动起来开始吧。

Part 1 愤怒管理是什么?

如何成为一个不受愤怒摆布的人

要想不被愤怒所左右

就要从力所能及的地方开始尝试!

=

就像网球的空挥动作和减肥一样

孜孜不倦地坚持下去,
自然就能很好地管理愤怒了!

愤怒有哪些特征?

学会有效生气

Lesson 1

所谓的愤怒究竟是什么？

愤怒是人的一种自然情绪

困扰我们的焦躁和愤怒，到底是一种什么样的情绪呢？

首先，"愤怒"是人类的自然情绪之一。

这种情绪是人人都有的，和"高兴""快乐""悲伤"一样，不可能被彻底消除。

因此，**想要勉强消除愤怒或者不去感受愤怒，是违背自然天性的。**

其次，当人的身心安全受到威胁时，就会感到愤怒。

因此，愤怒也被称为一种保护自身的情绪。

举个例子，在开车的时候，前面的车突然踩了急刹车，差点导致追尾事故。在这个时候，你可能就会产生愤怒：这样做太危险了吧！

Part 2 | 愤怒有哪些特征？

愤怒是多种自然情绪中的一种

高兴

快乐

悲伤

愤怒

↓

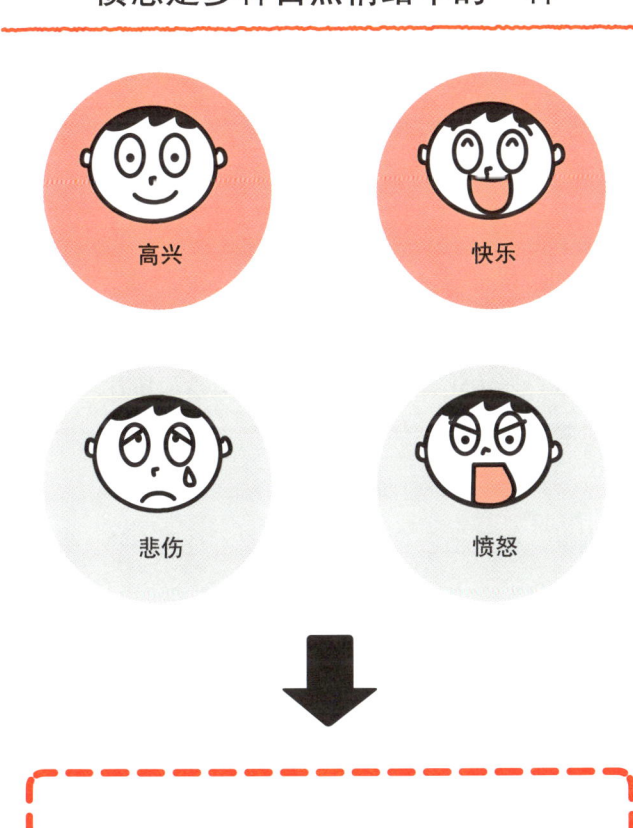

不能勉强消除，或者不去感受

015

还有，在车站的站台上，如果被人用力推搡，你可能就会大叫："你在干什么！"甚至会出现攻击性的反应。

这些反应都是为了保护自己的人身安全。

▍人们也会为了保护自己的心理而生气

所谓的"保护人身安全"中，也包括了心理上的安全。

被别人说的话伤害，或是被人瞧不起的时候，有的人可能会说：你说什么！你也好意思说别人？你有没有这样反击过呢？

这就是一种保护自身心理的行为。

据说，在盛怒之下所说的话，都不是真心的，大多数只是为了打败对方。在你一言我一语地吵架时，这种情况很容易发生。

还有，如果和他人打交道的时候被惹恼了，可能会想：唉！和这种人根本没法打交道，赶紧走吧。保持距离也是一种保护自己的行为。

Part **2** 愤怒有哪些特征?

愤怒是为了保护自身安全而产生的情绪

很危险啊!
你干什么呢!

保护身体的行为

你说什么!

保护心理的行为

和这种人没法打交道

保护身体和心理的行为

无论是谁,都会有愤怒的情绪

Lesson 2
愤怒的特征

愤怒是一种非常强烈的情绪，所以人们很容易受其摆布

愤怒有以下两个特征。

> 1 与其他情绪相比，愤怒具有更加强烈的能量
> 2 人们很容易被愤怒的情绪左右

你是否有过这样的经历：刚刚还觉得很开心，却因为一些让你生气的事，糟蹋了快乐的时光。

与"好幸福啊""好开心啊"这样的心情相比，愤怒拥有更强的能量。因此，一旦出现让人生气的事情，我们就会觉得很难控制住自己，往往会在盛怒下做出令自己后悔的行为，内心也因此被扰乱。

Part 2 愤怒有哪些特征?

比如说，在生气的那一刻，无法做出冷静的判断，无心之言脱口而出，事后才追悔莫及：糟糕，我说得太过火了。

除此之外，人们还可能会因为愤怒而变得心浮气躁，什么事都做不下去。这时，要么会责怪自己：为什么变得这么烦躁呢？要么会在心里不断责备对方：都是那个家伙害的!

陷入愤怒的时候

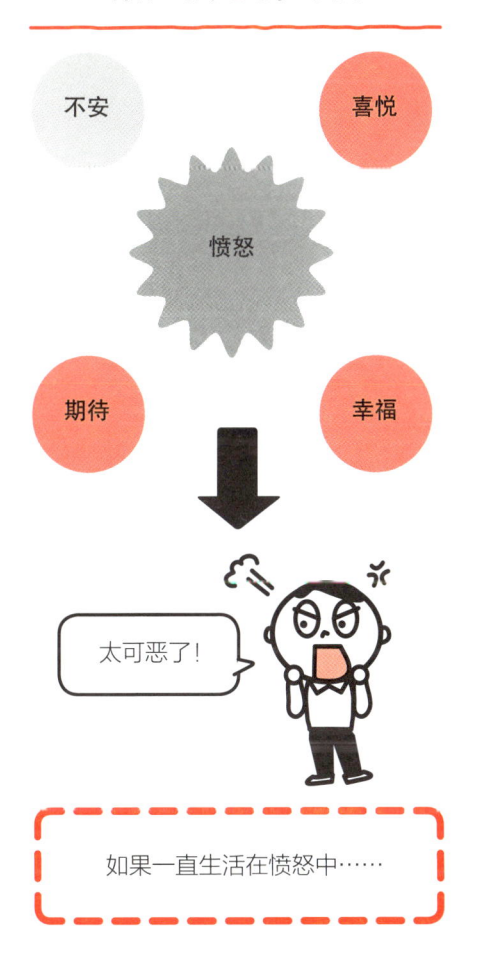

- 不安
- 喜悦
- 愤怒
- 期待
- 幸福

太可恶了!

如果一直生活在愤怒中……

Lesson 3
愤怒会给人造成困扰的两个原因

很多人认为"生气是不应该的"

那么,我们为什么会被愤怒折腾到这个地步呢?

主要有两个原因。

> 1 没有充分理解自己的愤怒
> 2 很多人认为愤怒是一种负面情绪,生气是不应该的

第一个原因是,人们并不明白愤怒到底是什么回事,所以也就不知道该如何应对。

第二个原因是,很多人会有"在人前生气是不体面的""生气是不成熟的表现"等观念。因为家庭和学校里都会教育孩子要为人大度,所以我们会无意识地认为生气是不应该的。

Part 2 愤怒有哪些特征？

因为这两个原因，很多时候我们都会勉强压抑自己的愤怒，不去面对，结果反而会格外容易生气，更加难以应对愤怒情绪。

因此，让我们先从理解"愤怒"这种情绪开始吧。充分理解了愤怒之后，就可以很好地驾驭它了。

不要把愤怒妖魔化

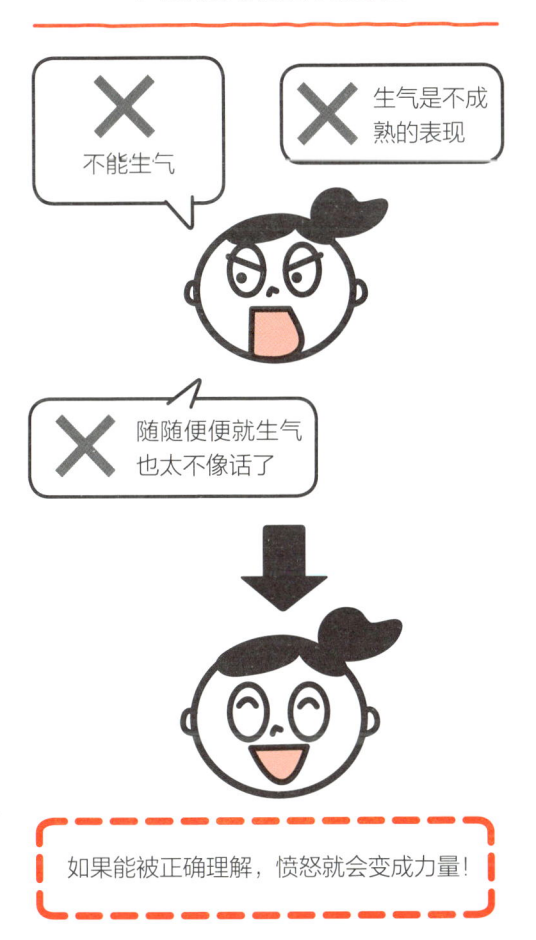

✕ 不能生气

✕ 生气是不成熟的表现

✕ 随随便便就生气也太不像话了

↓

如果能被正确理解，愤怒就会变成力量！

学会有效生气

Lesson 4
愤怒是一种表达心情的方式

▍表达自己感到不合理、认为不公平的心情

你知道吗？愤怒其实也是一种表达方式。

我们有时会用愤怒来表达想要让对方知道的事情。

比如，当你感到不合理或者认为不公平的时候，有没有气愤地说出过下面这些话呢？

这种事情是绝对不可接受的！

这也太奇怪了！

如果只是小声嘟囔："这样不对吧？"是表现不出认真的态度的。

也许你考虑到了对方的心情，所以在说话时笑眯眯的，但对方却会因此不够重视，认为"这个人看起来只是随便说说而已，不必当真"。

Part 2 | 愤怒有哪些特征?

不要使用这样的表达方式

在这种时候,应该把自己的想法如实地说出来,告诉对方:我觉得这样是不对的。对方听到这样的话,就自然会明白:"这个人是认真的,那我还是改正吧……"

因此,**如果你认为"这件事绝对不能让步",就要拿出勇气,把你的态度表达出来。**

> 都是因为你做了这样那样的事!我什么都不想管了!!!

> 一定要注意,如果用这种方式说话,恐怕是无法把自己想要表达的内容传达给对方的

学会有效生气

Lesson 5
关于愤怒的 3 个 "误解"

| 愤怒可以令问题得到解决 ×

很多管理层人员都会持有这样一种想法,可以通过发怒,使用强力来促使问题得到解决。

那么实际情况是怎样的呢?**想要通过愤怒来解决问题,很多时候反而会把情况变得更糟。**

比如,我们经常能听到这样的句子:只管照我说的去做就行了!废话少说!这些都是在利用愤怒来控制对方时常见的句式。

如果你这样说了,对方可能会想:

这个人生气了,好可怕,姑且先听他的吧……

如果不听话,之后就惨了……

Part 2 | 愤怒有哪些特征？

在这种情况下，对方很可能会按照你说的去做。

但是，这并不是心中认可之后的主动行动，所以对方并不会真的有所改变。如果始终这样对待他人，就无法培养出能够主动采取行动的人，长期来看，也无法建立良好而充满信赖的人际关系。

太可怕了，姑且先听他的吧……

只管照我说的去做就行了！废话少说！

学会有效生气

▌把愤怒发泄出来就好了 ✕

遇到令人生气的事情时,有人不是通过语言向对方表达自己的愤怒,而是采用大喊大叫、乱扔东西、破坏东西等方式来发泄。

但是,在这样做的过程中,我们会因为愤怒而处于兴奋状态,就像置身于愤怒的旋涡中一样。这样一来,自己的烦躁情绪反而会被进一步放大,最终爆发出来,于是便无法找到其他解决问题的办法,无法仔细思考"该怎么办才好呢"这样的问题了。

▌愤怒是无法控制的 ✕

感到愤怒是一件很自然的事情,完全没有感觉是不可能的。但是,我们可以控制自己对愤怒的感受。

如果你产生了"愤怒是无法控制的"这种想法,就是主动放弃了对愤怒的控制。

究竟是任由自己被愤怒驱使,还是控制愤怒,努力传达心情,就取决于你自己了。

Part 2 | 愤怒有哪些特征？

生气时不能做的事

❌ 靠发火施压解决问题

❌ 不管怎样先把愤怒发泄出来

❌ 坚信"愤怒是无法控制的"

这样永远无法建立信赖关系

Lesson 6
会造成问题的 4 种愤怒

在前面的解说中，我已经告诉大家"可以感到愤怒"。但是，如果你的愤怒情绪有以下 4 种倾向，请务必注意，不要让愤怒进一步膨胀。

强度高

无法控制的强烈愤怒，一旦发怒就停不下来

- 生气的时候，感受到一股自己控制不住的强烈愤怒
- 一旦发怒就停不下来
- 一旦发怒就会演变成难以抑制的暴怒

愤怒

即使周围的人极力劝阻，愤怒也无法平息，一直在生气。这样的人会被人讨厌，或者被别人敬而远之。

Part 2 | 愤怒有哪些特征？

持续性强

记仇，每次想起来都会生气

- 一旦生气，怒气就很难平息下来
- 长时间不说话，一直不高兴……愤怒在心里扎根
- 每次想起过去的事，当时的怒气就会再次涌上心头

时不时就翻旧账，然后重新生起气来，说出这样的话：说起来，之前也发生过那样的事情呢！而对方也会说：又开始了……你还在对那件事耿耿于怀吗？这样一来，就会一次次产生不愉快。

愤怒 ➡

频率高

动不动就生气

- 因为各种各样的事情频繁地生气
- 总是看起来不高兴

学会有效生气

经常发牢骚、叹气、咂嘴、用力敲打电脑键盘……这样的行为会让身边的人都感到烦躁。这样一来,周围的人都会厌烦地说:我可不想和这个人打交道。

愤怒 愤怒 愤怒 愤怒 愤怒 愤怒

有攻击性

攻击对方或周围的人,破坏东西

- 在生气时责备对方,说出伤人的话,甚至施加暴力
- 责备自己,做出伤害自己身心的行为,如过度饮酒、药物依赖等
- 破坏、摔打东西

Part 2 | 愤怒有哪些特征？

在发怒时，辱骂对方，做出施暴、弄坏东西等粗暴的行为；或是责备自己：为什么我会做出这样的事情呢？于是酗酒，自暴自弃，伤害自己。

你可以感到愤怒，也可以生气，但是对于以上4种愤怒，要有意识地进行控制，千万不能令其失控，否则不仅会将身边的人赶跑，还会把自己逼入绝境。希望大家注意。

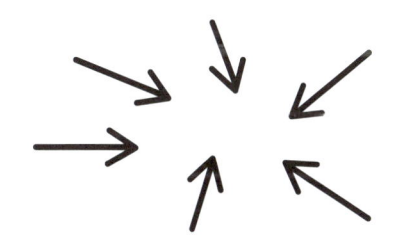

Lesson 7
愤怒的情绪持续下去会变成怨恨和憎恶

▍如果长时间记仇,愤怒很容易变成怨恨和憎恶

愤怒如果长久持续,不知不觉间就会转变成怨恨、憎恶等情绪。但出人意料的是,很少有人能意识到"愤怒的情绪会持续下去"这件事。

愤怒和怨恨、憎恶是不同的。

说起来,愤怒其实是"希望如何如何"。这种想法来源于自己希望得到对方理解的心情。

但是,**如果有"给予对方伤害""我要复仇"这样的心情涌上心头,就说明原本的愤怒已经变成了怨恨和憎恶。**

比如,把十几年前的旧账翻出来,不断地抱怨,想着要向对方讨回公道:

当时我那么困难,你却一点儿都没帮我……

Part 2 愤怒有哪些特征?

之前那次,就是上司把我的功劳给抢走了!

如此等等。

中年离婚、复仇、跟踪狂等,都是在愤怒变成怨恨和憎恶后容易发生的情况。

如果一直带着怒气,就会一直被愤怒所左右。结果什么也解决不了。

如果察觉到自己好像很容易生气,一定要进行愤怒管理,不要让自己的怒气累积起来。

> 千万不要对容易怀恨的人说出"你怎么还在说这种话啊?""真烦人!"之类的话

学会有效生气

Lesson 8
愤怒是一种次级情绪

▌把目光转向初级情绪

愤怒也被称为"次级情绪"。

因为愤怒本身是一种非常强烈的情绪,所以我们很难注意到它背后还隐藏着其他情绪。但是,**在愤怒的背后,还有一种希望能被别人理解的"初级情绪"。**下面就来具体解释一下吧。

首先,当"希望如此"的期待和理想落空时,当"希望被理解"的事情没有得到理解时,愤怒就会产生。

那一时刻感受到的**"悲伤""痛苦""寂寞""懊恼""不安""困惑"……这些心情会变成愤怒爆发出来。**

人在气头上的时候,通常只顾着发火,无暇去关注自己内心深处的情绪。这样一来,原本希望得到对方理解的真正心情(初级情绪)就不可能得到实现了。

Part 2 愤怒有哪些特征?

当你感到愤怒的时候,要注意自己到底是在对什么生气,本来想让对方理解的心情是什么,然后冷静地思考如何才能向对方传达这种心情。

愤怒是一种次级情绪

初级情绪

担心、难过、寂寞、痛苦、担心、困扰、厌恶、疲惫、悲伤……

↓

次级情绪

愤怒

不要只是表达自己的愤怒,要关注愤怒背后的初级情绪

Lesson 9
人的心中有个杯子

对杯子里积攒的情绪保持敏感

请想象一下,在我们的心中,有一个储存情绪的杯子。

比如,感到不安的时候,遇见悲伤之事的时候,觉得很累又睡不着的时候……这些被称为初级情绪的消极情绪在心中累积起来,最终就会变成愤怒爆发。

最近总觉得很烦躁,我平时是不会因为这点小事就感到烦躁的。

如果你产生了这样的想法,也许就说明你心中的杯子里已经积攒了很多初级情绪。倘若没有注意到杯子里累积的情绪,你便会搞不清楚自己原本想让对方理解的心情到底是什么。

我在做培训的时候,会问大家:"你现在是什么心情?"有人回答说:"不知道……"这样的人,大部分都是因为没有机会去关注自己杯子里的情绪。

为了避免爆发,也为了不让烦躁的心情积攒起来,一定要在平时就多注意自己杯子里的初级情绪。

愤怒是一种次级情绪

初级情绪		
担心	难过	寂寞
痛苦	担心	困扰
厌恶	疲惫	疲惫

⬇

愤怒

杯子里积累了很多初级情绪

学会有效生气

Lesson 10
杯子的大小因人而异

让杯子变大，不必要的烦躁感就会减少

上文讲到，每个人心中都有一个杯子，但杯子的大小因人而异，和能否接受他人的想法与自己不同有很大关系。

杯子小的人，更容易生气，也更不擅长应对他人的怒火。

这样的人不能接受别人认为的"应该"，所以很容易生气，一旦挨骂则会反应过度。

与此相反，**杯子大的人，更不容易生气，在别人生气时也能恰当应对。**

这样的人可以容忍别人心目中的"应该"，所以不容易生气，即使对方生气了，也能表示理解，觉得"会这么想

Part 2 愤怒有哪些特征？

也很正常嘛"。

虽然他们理解对方的愤怒，但也可以采取不同意的态度。

所谓愤怒管理，就是为了让心中的杯子变大而采取的措施。

即使对方与自己的想法不同，也要理解对方的价值观：

我是这么想的，但也有人会那样想吧。

虽然和我的意见不同，但是也有人会持这种意见。

如果能够像这样试着接受对方的价值观，心中的杯子就会变大。

杯子变大之后，就不会因为一点小事而感到烦躁，也不会产生无谓的愤怒了。

杯子大的人更不容易生气，在别人生气时也能恰当应对

小杯子
- 更容易生气，也更不擅长应对别人的怒火
- 不能容忍别人心目中的"应该"
- 因为无法理解对方为什么生气，一旦挨骂就会反应过度

大杯子
- 更不容易生气，在别人生气时也能恰当应对
- 能够容忍别人心目中的"应该"
- 即使对方生气了，也自然地觉得"会这么想也很正常嘛"
- 即使不同意对方的观点，也能表示理解

Lesson 11
愤怒的情绪高峰只有 6 秒

▍生气时，请试着等待 6 秒

遇见令人生气的事，你一言我一语地吵起来时，你或许有过这样的冲动：想要破口大骂，情绪化地大吼大叫，有时甚至想要使用暴力。

但是，无论多么强烈的愤怒，其峰值最长也只能持续 6 秒。

因此，控制住最初的 6 秒很重要。

情绪化的语言和行为不仅会伤害对方，也会让自己后悔莫及，在事后充满罪恶感。此外，还可能存在令自己陷入自我厌恶，或者和对方完全闹翻、无法重归于好的危险。但是，只要等待 6 秒钟，愤怒的高峰就会过去，你就能够冷静地应对眼前的事件了。

如果感到愤怒，就先试着等待 6 秒吧。

学会有效生气

愤怒时的6秒法则

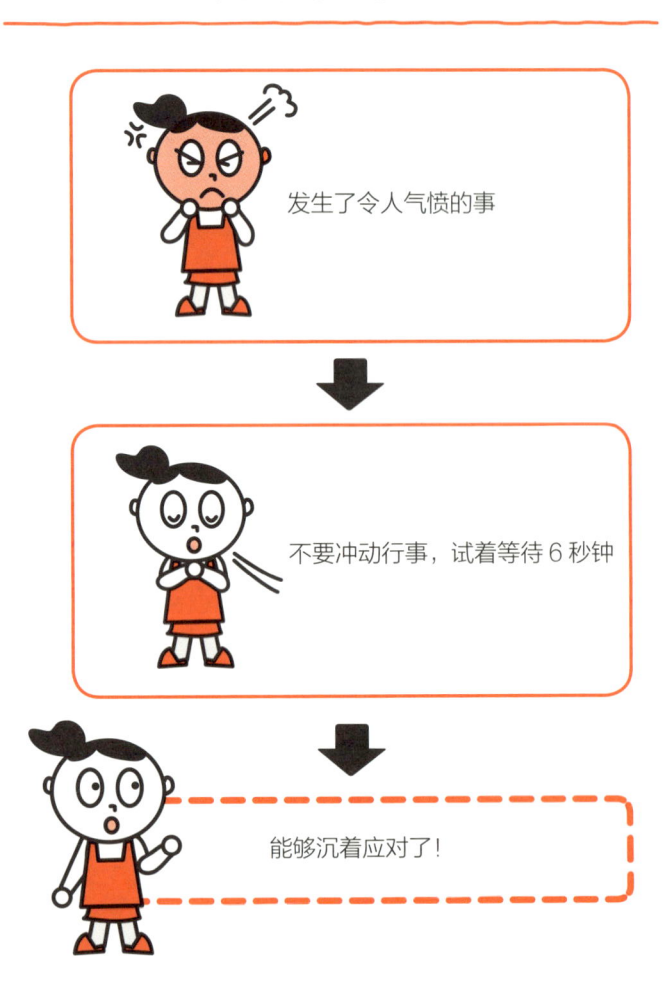

发生了令人气愤的事

不要冲动行事,试着等待6秒钟

能够沉着应对了!

Part 2 愤怒有哪些特征？

Lesson 12
愤怒的 5 种性质

你开始渐渐理解愤怒了吗？

愤怒具有以下 5 种性质。

愤怒会从高处流向低处

愤怒具有从力量强的地方流向力量弱的地方的性质。

> **示例**
> - 从地位、职务较高的上级流向地位、职务较低的下级
> - 从掌握丰富知识和信息的人流向掌握知识和信息较少的人
> - 从话语权强的人流向话语权弱的人

当上司向下属发火时,下属很难直接反击。因此,**愤怒往往会指向相对弱势的一方。**

然后,承受了怒火的一方,不会反击回去,而是把愤怒的矛头指向更弱势的人。例如,下属被上司用来撒气之后,会把怒气发泄在妻子和孩子身上,像这样将愤怒不断向低处传递,造成连锁反应。

自己的愤怒自不必说,当遇到有人向你发泄愤怒的时候,一定要注意,不要再把这种连锁反应传递到别人身上。

愤怒会传染

有一个词叫"情绪传染"。

一个人的情绪会传染给周围的人,包括"高兴""快乐""悲伤"等心情都是如此。尤其是**愤怒,是一种拥有强**

Part 2 愤怒有哪些特征?

大能量的情绪,所以比其他情绪更容易传染。

当你看到身边有人很烦躁时,会不会自己也觉得烦躁呢?

示例

焦躁不安、一直抖腿的人,不断咂嘴的人,用力敲键盘的人,故意发出抱怨或不满的声音的人,等等

面对这样的人时,要意识到烦躁的情绪是有传染性的,不要让它影响到自己,也不要让自己成为下一个烦躁的传染源。

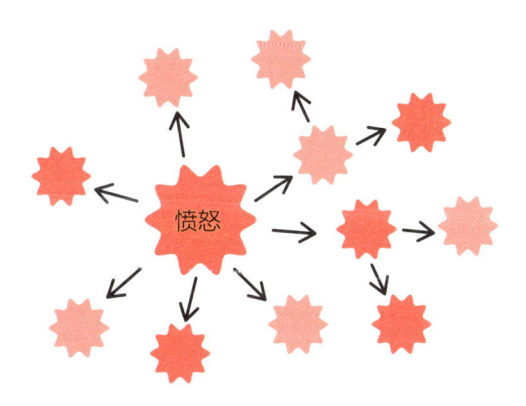

学会有效生气

愤怒对亲近的人发作时更强烈

愤怒还有一个性质，那就是对亲近的人发作时会变得更加强烈。这是因为人们容易抱有这样的想法：

对于长期在一起的人，干涉一下也是没问题的吧？

我们已经在一起那么久了，你当然应该知道我想让你做什么。

你对身边的人有没有过类似的想法呢？

对于身边的人，我们的期待会变高，也容易产生依赖。因此，我们很容易向对方发火，愤怒的程度也会加剧。

正因为对方是重要的人，所以更要了解，有些人：

- 即使长时间待在一起，依然和自己不一样
- 持有不同的"应该"
- 即使是亲近的人，不把话说出来也是不会明白的

Part 2 愤怒有哪些特征?

> 同样的话要我说几遍才行啊

愤怒会四处乱撞

你是否做出过因为烦躁而对别人乱发脾气的事呢?

示例

你被上司不由分说地骂了一顿,很生气。但你没有把自己的愤怒冲着上司发泄,而是发泄到了家人和朋友身上,发泄到了社交网络上……

如果总是这样,把愤怒发泄到周围的人身上,就会渐渐被孤立。人们会觉得:这个人很难相处,最好不要靠近他。

学会有效生气

为了不四处发泄愤怒,请注意以下几点。

- ●在快要发火的时候,告诉自己:把愤怒发泄在无关的地方也是没用的
- ●寻找运动、兴趣等其他可以用来纾解情绪的事情,全身心地投入其中
- ●如果有机会的话,发火后要向对方道歉

只要留心这些,就能让人觉得你是个不感情用事、容易相处的人。

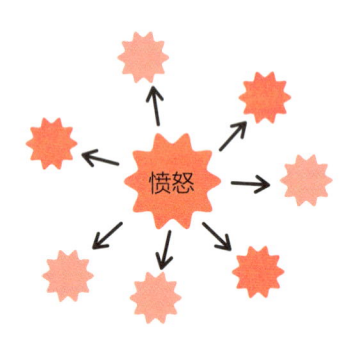

Part 2 愤怒有哪些特征?

愤怒能成为引发行动的契机

你有没有过因为被人瞧不起而生气的经历呢?

我想不论是谁,应该都曾有过将愤怒转化为动力,最终达成某个目标的经验吧。

由此可见,愤怒有时也会成为鞭策你朝着目标前进的积极契机。

认识到这一点之后,不妨把愤怒和建设性的行动联系起来吧。

Part 3

认识自己的愤怒

学会有效生气

Lesson 1

愤怒的原因是什么？

愤怒的原因是不肯让步的价值观——"应该"

愤怒的时候，有人会把原因归咎于某件事、某个人：

我之所以这么烦躁，是因为上司太不讲理了。

都是反复犯错的下属不好。

都是因为这孩子不听话。

都是发生了某某事的缘故。

因为工资太低了。

但是，愤怒的真正原因并不在那些地方。

愤怒的原因是：自身不肯让步的价值观，也就是"应该"。

愤怒是在自己的期待和理想落空，没有得以实现的时候产生的情绪。反映这种理想和期待的词就是"应该"。

"应该"也就是不肯让步的价值观、信条。

Part 3 认识自己的愤怒

"应该是这样""应当那样做",你有没有过这样的想法呢?

这其中,有你在生活中通过各种各样的经验而形成的"应该",也有从自小的家庭教育中学到的"应该"。

你是否觉得,这些是对任何人都通用的"常识",是理所当然的呢?

其实这是个陷阱。因为**每个人都有各自的"应该",并不是所有的事情都符合你的想法。**

因此,你就会感到:啊?!为什么?!明明应该是这样的……由此便会产生愤怒。

引发愤怒的根源是"应该"

愤怒是在自己的期待和理想落空时产生的一种情绪

反映这种理想和期待的词语是"应该"

"应该"也就是不肯让步的价值观、信条

053

Lesson 2
"应该"因人而异

对自己来说理所当然的事，未必对别人来说也理所当然

让你非常恼火的事情，对别人来说却未必如此。

当自己的"应该"被打破的时候，有些人会想：一般都会是这样的吧?！这是理所当然的吧?！于是生起气来。但是很多时候，对自己来说的理所当然和对对方来说的理所当然是不一样的。

"应该"并没有对错之分。

比如说，你认为"不应该说谎"。

你多年来一直都是这么认为的，它对你来说是正确的，你也可以继续相信下去。但是，它对其他人来说并不一定是对的。请务必了解这一点。

Part 3 认识自己的愤怒

愤怒的理由

理想 ←差距→ 现实

感觉理想和现实有差距的时候

明明应该是这样的！

- 约会的时候明明应该男方请客，结果却不是这样
- 乘电车时应该先下后上，但是有人抢着上车
- 看到未接来电应该主动回拨，但对方却没有打回来

↓

"应该"被打破的时候，就会产生愤怒

平时多反思一下自己的"应该"，在遇到事情时就可以冷静地分析自己的心情："啊，是因为我的这个'应该'没有得到遵守，所以我才会觉得生气……"

055

Lesson 3
"应该"的程度因人而异

"应该"的程度不同也会成为愤怒的原因

有些"应该"是很多人都有的,例如"应该打招呼""应该遵守时间""应该排队",但是同样的"应该"也有各自程度上的不同。

就拿"应该打招呼"来说吧。

在职场上,有客人来访的时候,大家都认为"应该打招呼",但是具体程度却各不相同,表现在以下方面:

- 有人认为"一定要主动向客人打招呼"
- 有人认为"和客人打了照面的话,就要打个招呼"
- 有人认为"负责接待的人已经打过招呼的话,自己就不用打招呼了"

那些认为一定要主动向客人打招呼的人,看到那些不主动打招呼的人,愤怒的心情就会油然而生,暗自想道:

Part 3 认识自己的愤怒

为什么不打招呼呢!

同样是"应该打招呼"的价值观,但如果双方认可的程度不同,有时也会产生不解和愤怒。

如果你感觉到了"原来是程度有差异",那么就要明确地说出自己的标准:

有客人来的话,希望大家能主动打招呼。即使一开始没注意到,至少在和客人打了照面的时候打个招呼吧。

你有着什么样的"应该",想要做到"什么程度",和周围人的程度有何不同,如果能够清楚地向对方传达这些信息,就能最大限度地消除分歧。

彼此之间的"应该"需要磨合

我明白了

客人来了,要主动打招呼。即使没注意到,至少和客人打照面时要打招呼哦

明确地告诉对方自己想要他做什么、怎样做

Lesson 4
明确"生气"与"不生气"的界线

▎通过明确界线,可以传达出自己的价值观

上文中曾经提到,每个人的"应该"都不一样。

在建立人际关系的时候,**如果清楚地知道自己可以接受什么、不能接受什么、界线在哪里,就很容易向对方传达"我很重视某事"**。

这样一来,对方触犯到自己禁区的情况就会大大减少。

明确界线,就是要对"需要生气"和"不需要生气"的情况做出明确的区分。那么,让我们用三个同心圆来说明一下"应该打招呼"的界线吧。

假设你觉得"客人来了一定要主动打招呼",那么最中心的①就是和你一致的"应该",所以是可以接受的范围。外面一层的②是和你稍有不同但并不值得生气的范围。最外层的③是对你来说不能接受的范围。

Part 3 认识自己的愤怒

如果某事让你感到不快，检查一下"应该"的界线

应该向客人打招呼

主动打招呼
（和我的"应该"一致）

和客人打照面时打招呼
（虽然有些反感，但是可以容忍）

不向客人打招呼
（"快打招呼！"）

① 接受区域
② 容忍区域
③ 不能接受区域

↓

扩大②的容忍区域，烦躁情绪就会减少！

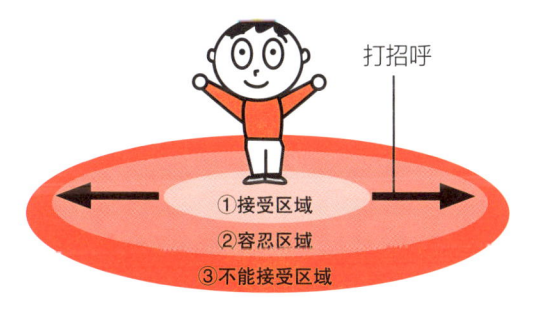

打招呼

① 接受区域
② 容忍区域
③ 不能接受区域

- 生气还是不生气，要根据怎样做才不会后悔来判断
- 同心圆中②和③的分界线，就是"生气"与"不生气"的分界线

059

应该如何利用这三个圆进行判断呢?

如果情况落在①或②里面的话,就不需要生气。但是,如果落在③中,就要表现出生气的态度,向对方表明:希望你这样做。

在使用三个同心圆的方法进行思考时,可能会有人拿不准哪种情况应该对应哪一层。

这时,可以用"说出来会后悔,还是不说会后悔"作为衡量标准,帮助自己做决定。

如果你将当前情境判断为不需要生气的①,但又觉得事后会后悔:当时要是说出来就好了。那么这个情境实际上就应该属于③,需要告诉对方你的感受。

如果你将当前情境判断为需要生气的③,但又认为自己可能会后悔:果然还是不说出来比较好。那么这时就应该选择②,接受这件事情。

对于应该生气的事情,可以采取适当的方式发火;对于不必生气的事情,则能够做到心平气和。为了做到这一点,关键是要明确需要生气和不需要生气的界线,即"应该"的范围。

Part 3 认识自己的愤怒

判断界线时的要点

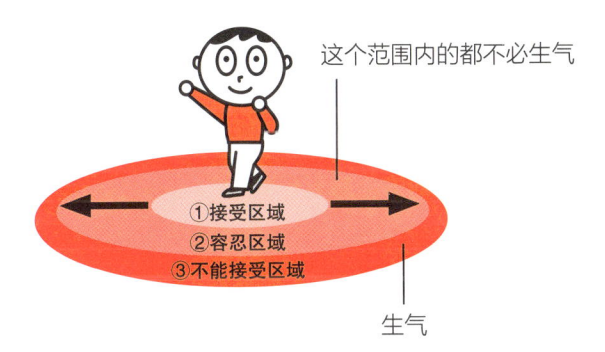

这个范围内的都不必生气

① 接受区域
② 容忍区域
③ 不能接受区域

生气

- 如果觉得不说会后悔，就生气
- 如果觉得说了会后悔，就不要生气

↓

这样就很明确了！

Lesson 5
努力传达界线

具体地告诉对方你想要什么

在与人交往时,如果不事先告诉对方自己看重什么、希望对方不要做什么,两个人就永远无法互相理解。

尤其是对于家人或关系亲密的人,大家往往会认为:

这种话用不着说出来也能想到吧?

不说也应该明白,这是理所当然的。

但即使是面对家人,如果不把话说明白,你的想法也是传达不出去的。

那么,在传达的时候,应该注意什么呢?

为了让对方能够准确无误地理解,在表达时一定要具体。

比如,类似"好好地""充分地""一点点"这类暧昧

Part 3 认识自己的愤怒

的表达，都是不推荐使用的。

如果只听到"要好好干哦"这样的话，对方仍然不会知道要做到什么程度才好。

必须清晰无误地告诉对方你想要什么，例如：

请提前5分钟到达约定的地点。

早上要倒垃圾和洗碗。

对于长期来往的对象，更要将界线具体地传达出来，彼此交流，这样才不会出现偏差。

学会有效生气

用语言说明自己的界线

认为自己的"应该"是人世间理所当然的事情，烦躁情绪就会增加

⬇

- 向对方具体说明自己有什么样的"应该"，希望对方怎样做
- 避免"好好地""一点点"这样暧昧的表达

⬇

彼此之间的分歧消失了！

Lesson 6
努力扩大"应该"的边界

接受对方也有自己坚持的价值观

正如你有不肯让步的"应该"一样,对方也有着自己看重的"应该"。

如果你有很多不可动摇的"应该",一味坚持"我的'应该'才是正确的",就会被他人认为是一个顽固又麻烦的人。这样下去,不仅无法和他人相互理解,甚至会让你变得更加固执:明明这样做才对!如此一来,你的烦躁情绪只会进一步加剧。

"你的意思是我应该顺着对方吗?"对于上面这段话,有人会产生这样的误解。但我想说的并不是你必须丢掉你的"应该",或者必须顺从对方的"应该"。**当你和对方的"应该"不一致时,不要执着于哪个"应该"是正确的、哪个是错误的、双方谁胜谁负,而是要关注对方为什么会有这样的"应该"。**

学会有效生气

扩大边界的方法

自己的"应该"容忍范围太小，就容易烦躁

⬇

- ●确认其他人是否有同样的"应该"
- ●确认对方是否真的知道自己的"应该"

⬇

这样一来，就可以扩大容忍范围，减轻烦躁情绪了！

比如说，有个人有着"不应该在电车里化妆"的价值观。

如果你问他："为什么会这么想呢？"可能会得到这样的回答：坐在旁边的那个女人在那里化妆，结果把我的西装上弄得都是粉。

明白了这样的理由之后，就可以理解对方的特殊情况，也能感同身受了：原来如此，难怪你会这么想……同时，对方也会觉得自己被理解了，也就更愿意去倾听你的"应该"了。

在这样的对话中，双方会自然而然地变得亲近，建立起良好的关系。

Part **3** 认识自己的愤怒

Lesson 7
让"应该"的界线稳定下来

❙ 如果界线根据心情不断变化，会让对方不知所措

在明确了对你来说的"应该"之后，还有重要的一点，那就是不要动不动就改变"应该"的界线。这是什么意思呢？

比如，上司心情好的时候，部下不向客人打招呼他也不会生气；但是在他心情不好的时候，就会怒吼道："不知道要主动打招呼吗？"如此一来，部下会有什么样的感觉呢？

这种做法会让人觉得：今天上司心情不好，把火撒到我头上了。

这样一来，只会让对方觉得你是个"容易闹情绪的人"，完全无法向对方传达你在生气什么、希望对方怎么做。

像这样根据心情而改变说话的方式，会让对方产生不信任感，所以请注意：不要时不时地改变已经决定好的界线。

学会有效生气

如果经常根据心情而改变态度

想向部下强调"应该主动向客人打招呼",于是加以训斥

↓

根据心情,有时生气,有时又不生气

↓

和上次不一样啊……

导致对方产生不信任感

不要让边界因为自己的心情而扩大或收窄!

Part 3 | 认识自己的愤怒

Lesson 8
在愤怒累积起来之前着手处理

▌如果对愤怒视而不见、任其积攒，总有一天会爆发出来

感觉身体僵硬却始终不动，等意识到的时候，你就会发现自己已经动不了了。

情绪也一样。如果没有意识到自己有愤怒的情绪，或者察觉到了却视而不见，就会产生谁也解不开的强烈愤怒。

如果为了这样的事情生气，岂不是会显得心胸狭隘，被人笑话吗？你是否曾经有过这样的顾虑，于是把愤怒的瓶盖拧上了呢？

有这样一个例子。一位40多岁的女性公司职员说："我讨厌这份工作！"

但仔细听一听她说的话，就会发现她讨厌的其实并不是工作本身。

虽然她被提拔为某个部门的团队领导，但下属却一直不能像她期望的那样，早日熟悉工作流程，任务中也总是犯错。

上司认为这都是因为她没有做好指导工作，对下属本身的问题却视而不见，这就是她烦躁的开始。之后，每次下属犯错，上司都只会责骂她，有事也不同她商量。到最后，她感到全身都在疼痛。按照她的说法，她已经再也不想做这份工作了。

下属不能胜任工作的原因有很多，能不能也听听我的意见？如果她冷静地对上司这么说，也许就不会闹到如此地步了。

对自己的愤怒反应迟钝的人，会把怒气堆积起来，越积越多直到爆发，严重的时候甚至会影响到身体，导致健康问题。

你可以感到愤怒。

重要的是养成把愤怒说出来的习惯，告诉别人自己对什么感到愤怒、希望对方怎么做。

Part 4

这样对待愤怒

学会有效生气

Lesson 1

比起原因和过去，更应该关注的是解决方案和未来想变成什么样

纠结于原因和过去只会令自己感到痛苦

凡事都有两种思考方式，一种是拘泥于原因和过去，另一种是着眼于解决方法和未来。它们有什么不同呢？

首先，让我们来看看被原因和过去所束缚的人的思路。

假设一个孩子正面临中考，但成绩很不好。这时，如果家长把原因归咎于孩子的小学老师教得不好，会怎么样呢？

在这种情况下，家长会不断地产生下面这样的感受：

那个老师为什么要用那种教学方法呢？

为什么没有好好地教他呢？

为什么那种老师也能当班主任？

当时要是想想办法，把班主任换掉就好了！

然而事到如今，孩子的小学老师已经不可能再改变了。

Part 4 这样对待愤怒

坏例子

正在准备中考的孩子成绩不好

原因 ⬇

小学老师教得不好

但是 ⬇

孩子的小学老师现在已经不可能再改变了……

学会有效生气

不管是后悔过去应该如何如何做就好了，还是怪罪老师和学校，都解决不了任何问题，只会让人越来越烦躁。

放眼未来，解决办法就会不断涌现！

对同样一件事，着眼于解决方案和未来的人又会怎么想呢？

在接受了现在的状况之后，首先要考虑自己希望事情变成什么样子。

例如，如果目标是让孩子考上理想的高中，就要想想为此应当做些什么，继而采取行动，填补现状和理想之间的差距。

寻找适合孩子的补习班，请家教重点讲解孩子不擅长的科目，和孩子一起制订学习计划……这样一来，为了实现目标而需要去做的事情就会一件一件地浮现出来。

像这样，当你开始关注未来时，就不会被无计可施的愤怒所左右了。你将能够更好地专注于解决问题和改变现实。

Part 4 这样对待愤怒

好例子

正在准备中考的孩子成绩不好

未来 ⬇

希望考上理想的高中（合格）

解决办法 ⬇

- 寻找适合孩子的补习班
- 找出孩子当前的弱项
- 请家教重点讲解孩子不擅长的科目，争取达到平均分以上
- 和孩子一起制订计划

这样一来 ⬇

孩子的学习成绩提高了！

075

Lesson 2
增加表示愤怒的词汇

❙ 词汇量不足,就无法让对方理解你的感受

愤怒有很多不同的程度,比如稍微有点焦躁的微怒,胸口发闷的愤怒,还有热血冲上脑门、两手发颤的暴怒,等等。

汉语中有很多表达愤怒的词。但是,很多人无论什么时候,都只会用同样的语句来表达自己的愤怒。

比如,不论遇到什么情况,都只会说:气死我了!如果只是这样表达,是无法让对方理解你的愤怒程度的。

❙ 词汇量不足,容易引发强烈的愤怒

如果词汇量不足,就无法顺利向对方传达自己的想法,继而会觉得对方"为什么就是不明白呢"。这样一来,愤怒

Part 4 这样对待愤怒

就会越来越强烈，破口大骂和做出暴力行为的可能性也会提高。

反过来，有时候明明并不是很生气，却使用了强硬的语言，也会反过来令自己的愤怒加剧。

举一个职场上的例子吧。

有些上司在训斥下属的时候，会脱口而出：我要杀了你！这是一个语气非常强烈的句子。也许下属只是邮件里有错别字，或者报告书交得迟了一些，上司也会把"我要杀了你"当作口头禅一样说出来。

但是，这句话原本应该是在相当愤怒的时候才说的。

在愤怒没有那么强烈时使用强硬的语言，会反过来引发想要动手的强烈情绪。

受到斥责的一方也会因为这种强烈的语气而胆怯，或是产生抵触情绪。

像这样因为没有把握好语言的强烈程度而破坏人际关系的情况，是很常见的。

学会有效生气

Lesson 3
语言越丰富，表达越清晰

▍让语言丰富起来

正如前面提到的，如果不使用恰当的语言，就很难让对方明白你到底愤怒到了什么程度。

在发怒的一瞬间，很容易脑子一片空白，想不出该说什么。因此，为了能够恰当地表达自己的愤怒，平时就要增加语言储备。

日常生活中，每当感到愤怒的时候，就要想一想："这种感觉可以用哪些词语和表达方式来描述呢？"建议大家对这样的语言多加关注。

比如说，在上电车的时候，如果被后面的人插队了，你可能会产生以下几种想法中的一种：

现在这样，是有点不爽的程度。

憋了一肚子火！

Part 4 这样对待愤怒

怎么想都觉得很生气!

像这样,试着在心里把自己的感受用语言表达出来。

如果掌握了丰富的词汇,就可以准确无误地向对方传达你的愤怒程度了。

表达愤怒的词

| 愤怒 | 生气 | 发火 | 气愤 | 气恼 | 恼怒 | 大怒 | 震怒 |
| 激怒 | 盛怒 | 暴怒 | 愤懑 | 愤慨 | 激愤 | 愤然 | 含怒 |

愤愤不平　　气急败坏　　勃然大怒　　怒发冲冠
怒不可遏　　怒火中烧　　怒火冲天　　火冒三丈
大发雷霆　　怒气冲冲　　暴跳如雷　　咬牙切齿
七窍生烟　　义愤填膺　　雷霆之怒　　金刚怒目

学会有效生气

Lesson 4
表达时要重视双方的理由和立场

交流中有 3 种不同类型的人

擅长沟通的人,会在说话时注意尊重对方的主张和立场。

根据所在场合,诚实、坦率、恰当地将自己的想法传达给对方,这种沟通方式被称为"自主性沟通"。要做到这一点,就需要和对方站在平等的立场上,以开放的态度对待彼此的观点。

在交流的时候,人可以分为 3 种类型。

- **攻击型**:压制对方,坚持己见
- **被动型**:压抑自己,一味顺从对方
- **善于沟通型**:既表达自己的意见,也接受对方的意见

你属于哪种类型呢?

接下来将会进行详细说明。

Part 4 这样对待愤怒

自主性沟通

- 根据场合,诚实、坦率、恰当地表达自己的想法
- 平等地面对对方
- 倾听对方的意见

要建立这样的关系

学会有效生气

Lesson 5
攻击型

压制对方，坚持己见

攻击型的特点是：坚持自己的观点，打击对方。

沟通习惯
- 单方面地说出自己想说的话，或者对对方穷追猛打、咄咄逼人
- 有时会居高临下地讲话，有时会感情用事
- 无视对方的感受，把自己的观点强加于人
- 如果无法达成目的，就会向周围的人发泄

行为表现
- 想让自己凌驾于对方之上
- 以胜负来判断事物
- 会给对方留下糟糕的印象

Part 4 这样对待愤怒

攻击型的口头禅

单方面指责他人

你怎么总是不帮忙,只顾自己啊?

居高临下、情绪化

不要顶嘴,照我说的做!

你怎么什么都不懂?

强加于人

这种情况下,当然要这么做吧!?

爱搬大道理

你不是说过要遵守约定吗?说话可要算话!

迁怒

砰地一声把门关上
扑通一声撂下文件

(对不相干的人)
赶紧去工作吧!吵死了!

Lesson 6
被动型

压抑自己，一味顺从对方

被动型会压抑自己想说的话，顺从对方的说法。

沟通习惯
- 直到交谈结束也没能说出自己的想法
- 说话总是小心翼翼，拐弯抹角
- 经常话说一半："现在有点忙，恐怕……"
- 如果过度忍耐，可能会爆发

行为表现
- 不发表意见，避免引起风波
- 觉得自己不被理解
- 经常怀有"我明明为你做了这么多"的想法，以恩人自居

Part 4 这样对待愤怒

被动型的口头禅

不发表意见

（心中暗想）反正怎么说你也不会明白的

说话小心翼翼

我也不想这么说，但是……

绕圈子

我也不知道该怎么说，总之，也不是只有我一个人这么想啦……

话说一半让人猜

虽然重要的事情还是马上报告比较好，但是……

在忍耐中爆发

为什么我非要一直忍耐不可呢！

Lesson 7
善于沟通型

重视双方的主张和立场

善于沟通型就是上文中介绍的能够进行自主性沟通的人。这种人会在对话时关注双方的主张和立场。

沟通习惯
- 根据所在场合,诚实、坦率、恰当地表达自己的想法
- 能够听取对方的意见并进行讨论
- 善于拉近双方的距离,注重营造让双方都感觉愉快的交流氛围

行为表现
- 能够将真正想要表达的内容简洁、具体地传达给对方
- 和对方进行有来有往的对话,共同解决问题

Part 4 这样对待愤怒

善于沟通型的口头禅

诚实、坦率、恰当地表达

听你这么一说,说实在的,我也觉得很困惑

期待已久的承诺没有兑现,我很难过

听取对方意见后进行沟通

你的想法是这样的,对吗?而我是这么想的,你觉得怎么样?

拉近双方的距离

我有一个替代方案,能请你考虑一下吗?

让我们一起商量,找到一个对双方都适合的做法吧

> 善丁沟通的人,即使双方意见不同,也不会轻易妥协,而是通过交谈来解决问题。所以这样的人才值得信赖

学会有效生气

Lesson 8
避免过度发散、夸大其词和指责

▎糟糕的表达方式会引起对方的反感

在表达愤怒的时候，要注意以下几点。

过度发散，或者说得过于夸张，对方就无法理解你真正想要表达的意思了。分别举个例子吧。

● 过度发散、扣帽子

片面、武断的说话方式，容易引起对方的反感

像你这种总是迟到的人，太没出息了。
连这点事都做不好，是不是不适合这份工作？
你总是犯同样的错误，下次考试时肯定还会出错！
你是讨厌我才这么做的吧？

Part **4** 这样对待愤怒

● 夸大其词

过于夸张的言辞，会让对方听不进去

为什么只有我不得不做这种事？

你总是不守信用。

他绝对不会听话的。

全都是某某的错！

● 指责

一味责备对方，不依不饶

你真是太差劲了！为什么总是这样呢？

但凡你好好干，就不可能变成这样！

学会有效生气

Lesson 9
避免错误的批评方式

▍绝对不能用的 4 种批评方式

在你看来,"批评"的目的是什么?

原本的目的是希望对方能够成长,敦促他改变思想和行为。

同时,也给对方一次机会。

然而在现实中,斥责往往是出于愤怒,因为对方没有遵守自己或组织中规定的"应该"。

因此,有人便忘记了批评的初衷,只想打击对方,让对方一败涂地。这样一来,只会使得自己和对方的关系恶化。

为了避免这种情况的发生,请一定不要采用以下几种批评方式!

Part 4 这样对待愤怒

是否训斥看心情

常见行为

- 心情好的时候就视而不见，什么也不说
- 心情不好的时候就会情绪化地横加批评

对方的感受

- 只会觉得是因为批评者心情不好，所以自己才被骂了
- 不知道自己为什么会受到批评，也不知道该怎么做才对
- 会认为批评者"现在心情不好""是个很烦的人"

翻旧账

常见行为

- 翻出过去的事情，证明对方有多不好："以前也发生过这样的事情吧？你看，一个月前也是这样……说起来，这已经是第五次了吧？"

> 学会有效生气

- 说出"之前就想说了,一直忍住没计较,现在不得不说了"这样的话

对方的感受
- 觉得批评者不依不饶,令人生厌
- 心中暗想:"既然很久以前就这么想的话,为什么当时不说出来呢!"

追问不休

常见行为
- 一口气发问:"为什么要做这种事?""为什么会变成这样?""为什么说过的话却做不到?""为什么?"

对方的感受
- 感觉被责备了
- 遭到超过三次"为什么"的追问后,就不会再去思考了

Part 4 这样对待愤怒

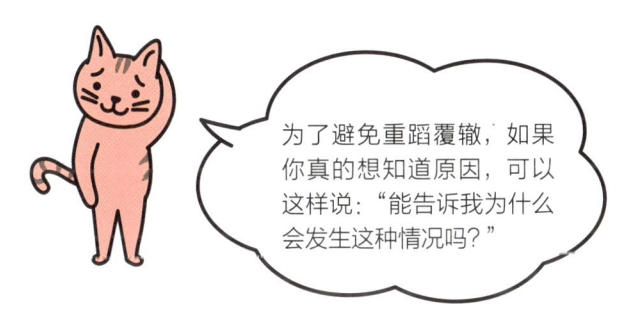

> 为了避免重蹈覆辙，如果你真的想知道原因，可以这样说："能告诉我为什么会发生这种情况吗？"

否定人格

常见行为

- 不是针对对方做的事，而是否定那个人本身，比如："你是个笨蛋吗？""真没用！""拿你这种人真没办法！"等等

对方的感受

- 如果是比较敏感的人，心灵会受到很深的伤害
- 可能发展成互相攻击，令人际关系遭到永久破坏

如果采用这4种批评方式，不仅无法让对方理解自己的想法，还会伤害对方，所以一定要避免。

Lesson 10
批评时需要注意的 3 个方面

▎明确自己最想说什么

在批评别人时，首先要明确自己想要批评的是什么。

房间太乱了，收拾一下吧。你看你，脱下来的衣服就那么一扔，遢里遢遢的。说的话也不马上做，说起来上次也是这样……

说着说着就不知所云了。

如果自己都不知道自己在批评什么，对方就更不会明白了，只会觉得你是在发泄情绪。

房间太乱了，收拾一下吧，否则很难找到要用的东西。

应该像这样，明确地传达自己想要的是什么、希望对方怎么做。

Part 4 这样对待愤怒

明确自己最想说什么

1 确定自己最想说的一件事

想要孩子去收拾房间

2 告诉对方自己希望他做什么以及自己的理由

房间太乱了，收拾一下吧，否则很难找到要用的东西

3 说话时不要情绪化

学会有效生气

明确批评的标准

其次,要明确批评的标准。

前面已经说过了,不能根据自己的心情,有时加以批评,有时又不批评。这只会让对方按照你的脸色行事。

无论是在工作中,还是在家庭里,都要明确规则。一旦有人违规,就要做出提醒。

例如以下这些规则:

- 会议开始前 5 分钟就座,哪怕有人只迟到了一小会儿,也要做出提醒
- 吃完饭后没有把餐具收进厨房的洗碗池里,就要做出提醒
- 如果房间里没人了,灯还一直开着,就要做出提醒

诸如此类。尤其需要注意的是,所有相关人员都要遵守同样的规则,不能允许有例外出现。

Part 4 这样对待愤怒

明确批评的标准

1 不因当时的心情而改变

心情好的时候不生气,心情不好的时候就生气 ×

2 不因人而异

放过不好说话的人,只对好说话的人提要求 ×

3 所有相关人员都要遵守同样的规则

为了不出现例外,要让所有相关人员都事先清楚规则

学会有效生气

▎让对方明白批评的目的

第三个要点是，在批评对方的时候，要让他明白你到底为什么要批评他。

如果不明白"为什么"，人们就不会主动采取行动。

很多人会觉得"不用我说也应该明白吧""你自己好好去想吧"，但如果抱着这样的态度，是无法让对方理解你的意思的。

必须守时！这是一个人的基本素质吧，大家都是成年人了，这不是理所当然的吗？

如果这么说，只会让对方产生抵触情绪。

请在截止期限前提交文件，否则会影响到负责整理文件的人的工作安排。工作时不能忘记团队合作的意识。

如果对方听到这样的话，明白了你为什么提出那样的要求，自然就知道以后该怎么做了。

Part 4 这样对待愤怒

让对方明白批评的目的

1 讲清楚为什么要这样做

为了团队中每个人都能顺利工作,请按时提交文件

2 说话时不要含糊不清

"不要再犯同样的错误了,就连我也会生气的。"× 这么说只会让对方莫名其妙

3 告诉对方希望他接下来怎么做,并讲明理由

请遵守提交文件的截止期限,否则会影响到负责整理文件的人的工作安排。工作时不能忘记团队合作的意识

Lesson 11
为自己的情绪负责

▍归根结底,情绪是由自己产生的

在培训时,我经常会这么说。

换言之,情绪的根源并非其他人或什么事情。经历同样的事情、接触同样的人,每个人产生的感受却是因人而异。

因此,不要把责任推到某个人或是某件事情上,要对自己的情绪负责,告诉自己:这是我自己产生的东西。

改变自己的想法和生活方式,就能活得更加轻松。不再把责任推给周围的人,就不会产生无谓的烦躁情绪,身心也会变得更健康。

那些总是心情愉快的人,并不是因为事事顺利,而是因为他们对自己的情绪负责,自己选择了不去烦躁。

Part **4** 这样对待愤怒

做一个心情愉快的人

① 不要把感到愤怒这件事归咎于自己以外的人

② 无论产生怎样的情绪,都要对其负责

③ 尽量选择不烦躁

↓

每天都很幸福!

101

学会有效生气

Lesson 12
切断愤怒的连锁

如果能做好愤怒管理,社会上就不会出现互相指责了

"切断愤怒的连锁吧!"这句话是日本愤怒管理协会的理念。

越是对身边的人,愤怒就会越强烈,从而产生连锁反应。

如果无法管理自己的愤怒情绪,被它所左右,愤怒就会从上司传递到下属,从父母传递到孩子,产生连锁反应,最终伤害到自己重视的人。

但是,如果每个人都能实践愤怒管理,就可以切断愤怒的连锁,人们不再互相指责,社会自然就会更加美好了。

每个人都可以学会愤怒管理。这是一种不论年龄、性别、职业、学历,所有人都可以反复使用的简单技巧。

请大家一起开始管理愤怒情绪吧。

Part 4 这样对待愤怒

如果能切断愤怒的连锁反应

1 不会再伤害重要的人！

2 不会再互相指责！

3 传递愤怒的人变少了！

社会更加美好了！

Part 5

愤怒时的应对方法

学会有效生气

Lesson 1
愤怒管理包括掌握应对方法和改善体质

┃借助"应对方法＋体质改善",成为能与愤怒和谐相处的人

掌握愤怒管理的方法有两种,一种是学会"应对方法",另一种是"改善体质"。类比一下过敏,就很容易理解了。

比如说,你正因为花粉过敏而烦恼,出现了打喷嚏、流鼻涕、眼睛发痒等各种各样的症状。这种情况下,为了消除症状,可以服用药物或佩戴口罩,起到立竿见影的效果。这就是应对方法。

另一方面,想要改善易过敏的体质,需要通过中药、营养品、饮食改善等方法,做出长期努力。这样一来,身体就不那么容易对花粉过敏了。

同样,**愤怒管理也有两种方法,一种是立即见效的应对方法,另一种是改善体质,让自己变得不容易发怒。**

Part 5 愤怒时的应对方法

应对方法和改善体质，两者都要掌握

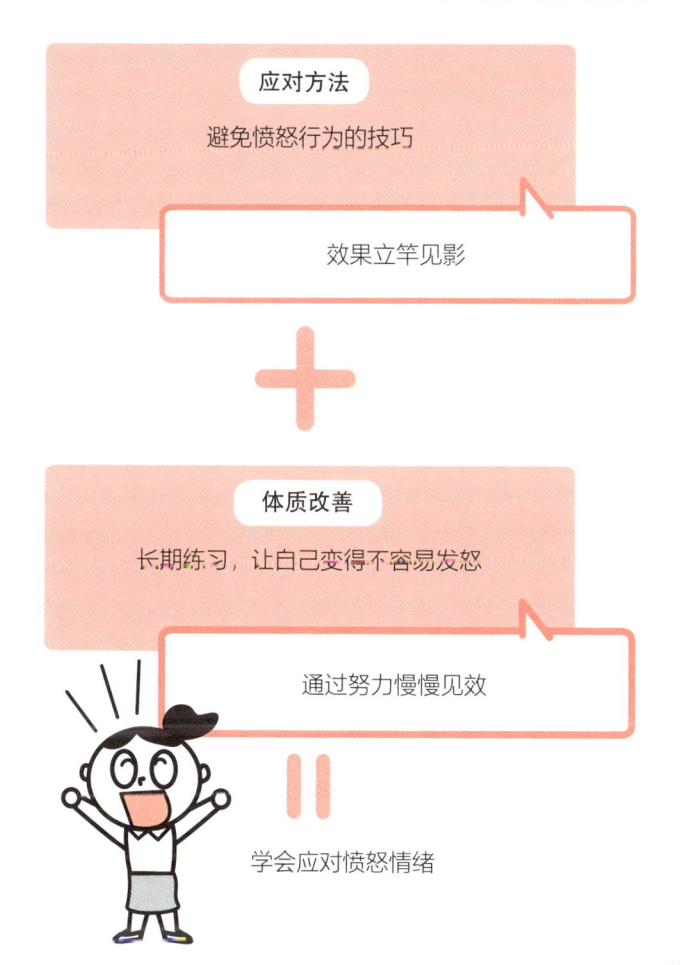

应对方法

避免愤怒行为的技巧

效果立竿见影

＋

体质改善

长期练习，让自己变得不容易发怒

通过努力慢慢见效

＝

学会应对愤怒情绪

107

> 学会有效生气

Lesson 2

养成习惯 愤怒日志

记录愤怒

愤怒管理的基本方法

你会对什么事情感到愤怒呢?把你的愤怒记录下来。在实践愤怒管理的过程中,这件事一定要努力去做。

也许有时你会在生气之后感到后悔,所以不要在心情低落的时候进行记录,要等到冷静下来再做。找一个专用的笔记本,或者写在日程本上、活用智能手机的笔记功能等,都是不错的选择。

效果

- 写作可以让人冷静下来
- 搞清楚你会对什么事情生气,找出倾向和特征
- 理解自己愤怒的根源是"应该"

Part 5 愤怒时的应对方法

如何记录愤怒

1 及时、直观地记录

2 每次感到愤怒都要写下来

3 不要当场进行分析

8月7日
地点：职场
事件：被小川课长鄙视了："连这种事都不会吗？"
想法：是你没有仔细看吧！
愤怒强度：7

8月8日
地点：家
事件：被丈夫数落："你是不是胖了？"
想法：丈夫明明自己也胖了，还说这种话，真是不爽！
愤怒强度：6

在表达愤怒情绪时，不要只说"可恶""混蛋"这样的话。可以参考本书第79页表达愤怒的词

学会有效生气

Lesson 3

养成习惯 应该日志

写出自己认为的"应该"

了解自己的"应该"后,就能与愤怒和谐相处了

当自己认为"应该是这样的",但事情没有按照期望进行时,就会产生愤怒。

写出作为自己愤怒根源的"应该",可以更好地了解自己究竟持有怎样的价值观。

效果

- 了解了自己的"应该"后,感到烦躁时,就可以更加冷静地应对
- 学会与愤怒情绪和谐相处

Part 5 愤怒时的应对方法

如何写日志

1 把令自己生气的事认真地写下来

自己的"应该"	重要度
如果别人为你做了什么事,你应该说声谢谢	1 2 3 4 5 ⑥ 7 8 9 10
在职场的酒会上,干杯时应该喝啤酒	1 2 3 4 ⑤ 6 7 8 9 10
不应该在走路时玩手机	1 2 3 4 5 6 7 ⑧ 9 10
吃完饭后,应该把餐具收进洗碗池里	1 2 ③ 4 5 6 7 8 9 10
应该吃早饭	1 2 3 ④ 5 6 7 8 9 10
后辈应该主动打招呼	1 2 3 4 5 6 ⑦ 8 9 10
作为销售应该四处拜访客户,这样才能赚到钱	1 2 3 4 5 6 7 8 ⑨ 10
饺子馅应该用白菜,而不是卷心菜	1 2 3 4 5 ⑥ 7 8 9 10

嗯,是因为我在这种时候觉得"应该"这样做吗

2 客观地审视自己的愤怒倾向

111

学会有效生气

Lesson 4
立竿见影 记分法

给愤怒打分

▌通过打分，让自己变得客观

愤怒是看不见的，所以我们很难应对，容易被愤怒耍得团团转。

通过给愤怒程度打分，有助于了解自己的状态，这样就更容易应对了。

比如，如果听到天气预报说"今天35摄氏度"，你就会判断"天气很热，要少穿一点，出门还要带上阳伞"；如果气温不到20摄氏度，就会想着"穿一件薄外套吧"。

根据气温不同，应对方法也会发生变化。

愤怒的时候，也可以像这样把自己的状态数据化。

效果

●因为把注意力放在了打分上，就不太容易做出愤怒

Part 5 | 愤怒时的应对方法

的行为了
- 可以知道自己会对哪些事物感到愤怒,容易达到怎样的程度,了解自己的愤怒模式

如何给愤怒打分

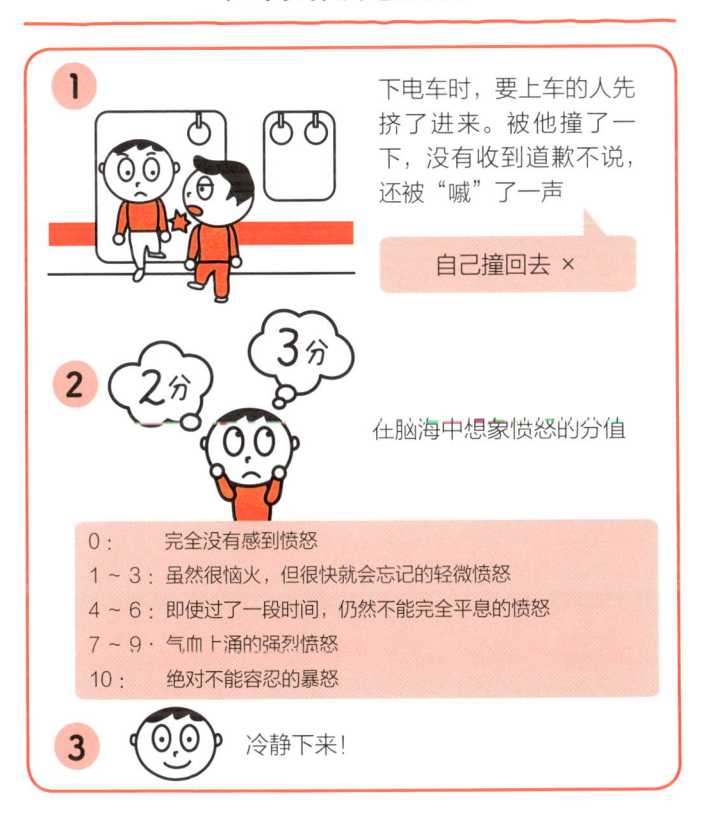

1 下电车时,要上车的人先挤了进来。被他撞了一下,没有收到道歉不说,还被"喊"了一声

自己撞回去 ×

2 在脑海中想象愤怒的分值

0: 完全没有感到愤怒
1~3: 虽然很恼火,但很快就会忘记的轻微愤怒
4~6: 即使过了一段时间,仍然不能完全平息的愤怒
7~9: 气血上涌的强烈愤怒
10: 绝对不能容忍的暴怒

3 冷静下来!

Lesson 5

立竿见影 倒数法

通过数数让心情平静下来

在其他事情上动脑筋，就会冷静下来

感到愤怒的时候，可以在脑子里数数。

这样就可以避免做出愤怒的行为。

与其从头开始1、2、3…这样数，不如从100开始，每次减去3倒数，即100、97、94…像这种需要稍微思考一下的数数方法，会让人更不容易做出愤怒的反应。另外，如果总是采用相同的数数方法，渐渐会变得熟练，不用动脑子也能数出来，所以不时地改变一下数数方式比较好。

效果

- 因为把注意力集中在数数上，便不容易做出愤怒的反应了

Part 5 愤怒时的应对方法

如何倒数

1 这可是别人送给我的巧克力，很贵的!

2 197、194、191、188…

至少数6秒。

3 呼——

4 这是我珍藏的巧克力，所以希望你不要不打招呼就全都吃掉

对不起

笨蛋!

失败的例子
突然怒斥弟弟 ×

Lesson 6

`立竿见影` `停止思考`

中断思考，什么都不想

瞬间将心情重置

即将发怒的时候，在心中默念：停！让头脑变得一片空白，停止思考，是一种将心情重置的方法。

这种方法既适合经常生气的人，也适合容易对人反唇相讥、事后又后悔的人。

效果

- 创造一个什么都不想的瞬间，让自己冷静下来
- 可以防止愤怒下的冲动行为

Part 5 愤怒时的应对方法

如何停止思考

1 发生了令人生气的事情

今天能把这份资料整理一下吗?

这不是我分内的工作吧

停!

2 可以在心中默念:"停!"也可以说出来

是啊,不过我想在今天下午5点之前把资料拿给某某先生。拜托了,回见

3 冷静地表达希望对方了解的事情

啊?你在说什么!别废话了,赶紧做吧!

因为愤怒而做出反应 ×

学会有效生气

Lesson 7

立竿见影 应对咒语

默念让自己冷静下来的话

烦躁的时候,一瞬间就能让内心平静下来

只要与人接触,难免会有生气的时候。

为了应对这种情况,可以事先准备好能让内心平静的句子,一旦感到愤怒,就在心里默念出来。

只要是能让自己冷静下来的句子,无论什么内容都可以。有人会把"没关系,没关系"挂在嘴边,也有人会念一句动画片里主角变身的咒语。总之,选择容易说的、自己觉得适合的句子就可以了。

效果

- 通过对自己说出特定的句子,可以使内心平静下来,变得客观
- 让人不太可能再做出愤怒的行为

Part 5 | 愤怒时的应对方法

如何念"咒语"

1 因为丈夫没有告知自己回家的时间,所以没有为他准备晚饭

"怎么没给我做饭?"

2 用6秒钟的时间,在心中默念属于自己的应对咒语

"算了,没什么大不了的"
"妈咪妈咪哄!"

3 "因为事先没有联系,所以没能做好准备"

4 "如果回家吃饭的话,要在傍晚5点之前告诉我"
"啊?为什么不给我做饭呢?"

愤怒等级1	"这次就先吃点现成的东西吧,下次要在5点之前告诉我。"
愤怒等级2	"要不然叫个外卖怎么样?" "在附近找个地方吃饭吧?"
愤怒等级3	"什么吃的都没有,所以下次一定要先告诉我。"

如果过分责备对方,就会发展成吵架

学会有效生气

Lesson 8
立竿见影 积极的自我对话
默念能让心态变得积极的话

| 用能使心情变好的语言消除愤怒

事先准备一些能让自己振奋起来的句子,在感到愤怒的时候,就在心里默念出来。

比如,婆婆对你打扫房间的方式吹毛求疵、指手画脚,或者公司里的老员工硬要让你学习他安排工作的方法,或者收到的指示过于琐碎,让你觉得"太啰唆了"。在这种时候,如果想要转换心情,就可以试试积极的自我对话。

效果
●瞬间让自己充满正能量

Part 5 | 愤怒时的应对方法

如何说出能让心态变得积极的话

1 发生了让人生气的事

> 销售就是要四处拜访客户,流血流汗才能赚到钱

2 在心中默念

> 这也是成长的机会

> 获得了经验,以后也会有用的

3 根据生气的程度,也可以改变说话方式

愤怒等级1	"好的,我明白了。"
愤怒等级2	"部长那个时代是这样的,但能请您听听我们现在的做法吗?"
愤怒等级3	如果这样还是不行的话,请尝试下一页的方法

> 学会有效生气

Lesson 9

立竿见影 积极时刻

回想过去的成功体验

▌回想过去顺利进行的事情，心情会变得积极

在心情沮丧或烦躁时，可以回想过去的成功体验，让自己重新回到那一刻，从而让心情变得积极起来。使用这种方法时，你需要重新体验过去，并想象今后事情会进展顺利。在回顾过去时，想想"当时的情绪是什么样的""我是怎么想的""身体有什么变化"等，尽可能详细地回忆那个瞬间。

效果

● 可以重置愤怒和压力（推荐在一天结束时进行）

这个方法叫作积极"时刻"，所以最好回想一个短时间的体验

× 今天的工作很顺利

√ 向上司汇报工作结果时，受到了上司的表扬："干得好！这不是挺好的吗？"感觉很高兴

Part 5 愤怒时的应对方法

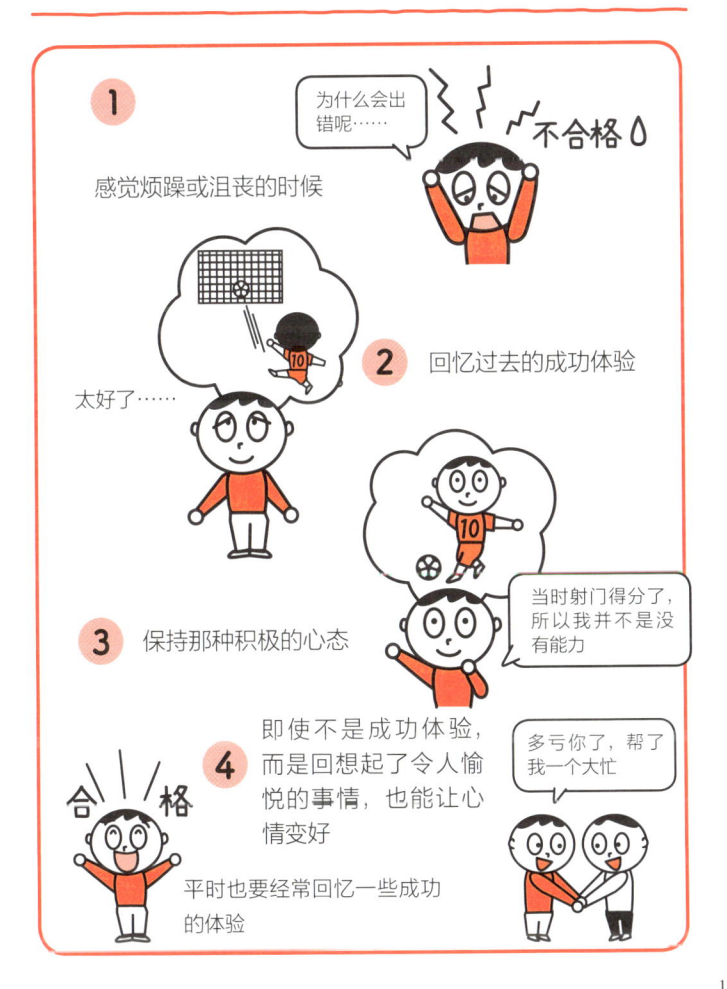

如何回忆过去的成功

① 感觉烦躁或沮丧的时候

"为什么会出错呢……"

不合格

② 回忆过去的成功体验

太好了……

"当时射门得分了，所以我并不是没有能力"

③ 保持那种积极的心态

④ 即使不是成功体验，而是回想起了令人愉悦的事情，也能让心情变好

"多亏你了，帮了我一个大忙"

合格

平时也要经常回忆一些成功的体验

123

Lesson 10

立竿见影 暂停

留出时间收拾心情

▍留出时间，让彼此都冷静下来

你是否遇到过因为争吵而无法控制情绪的状况呢？在这种时候，离开事件发生的场合，让情绪归零，这种方法就是"暂停"。

在体育比赛中，暂停时间结束后，比赛又会重新进行。怒气也是如此，暂停之后也可能复燃。在这种情况下，应当在离开前告知对方你回来的时间。去做做深呼吸、伸展运动、瑜伽、散步等能够让心情平静下来的事情，然后再回到原先的场合。

效果
- 避免愤怒升级
- 让人能够冷静地面对愤怒

Part 5 愤怒时的应对方法

如何暂停

1 感到这样下去会无法收场的时候

笨蛋!
是你干的吧!
再这样下去,就一发不可收拾了……

2 暂时离开

我去一下洗手间,一会儿就回来

3 做做深呼吸、伸懒腰等令人放松的事情,冷静下来之后再回来

4 平心静气地交谈

那么,你刚刚说到哪儿了……

砸墙 ×
大声喊 ×

学会有效生气

Lesson 11

养成习惯 压力日志

写出无法改变的事情

将压力可视化

在这个世界上,总有靠自己的力量无法解决的事情。

即便对此生气,嚷嚷着:难道就没有办法了吗?为什么会是这样!也只会积攒起更多无谓的压力。

要把自己有能力解决和无法解决的事情区分开,不要为此承受过多的愤怒。想要做到这一点,有一种方法是把感到有压力的事情分成 4 种类型写出来,将其可视化。

> **效果**
> - 看清什么事情是自己能控制的,什么是自己无能为力的
> - 学会根据情况,选择接受或是采取合适的行动
> - 不会因为自己无法控制的事情而过度烦躁

Part 5 愤怒时的应对方法

使用 4 个格子，对压力进行划分

把感到有压力的事情分为以下 4 种类型。

自己可以改变的事情	自己无法改变的事情
重要	重要
不重要	不重要

具体方法见下一页。

学会有效生气

自己可以改变的事情	自己无法改变的事情
重要 ● 马上做出行动 ● 思考状况要如何改变、改变到什么程度会令自己满意，确定达到该目标的截止期限 ● 决定你要采取哪些行动来实现这一目标 例： 不懂得打招呼的部下 不及时汇报的后辈	**重要** ● 接受无法改变的现实 ● 找出现在能做什么 例： 电车晚点了 天气不好 有人打电话投诉
不重要 ● 有余力的时候再去做 ● 思考状况要如何改变、改变到什么程度会令自己满意，确定达到该目标的截止期限 ● 决定你要采取哪些行动来实现这一目标 例： 屋子没收拾干净，很脏	**不重要** ● 置之不理 例： 电车上太挤了 妻子的牢骚

遇到的事件属于哪一类，请自行判断。

Part 5 愤怒时的应对方法

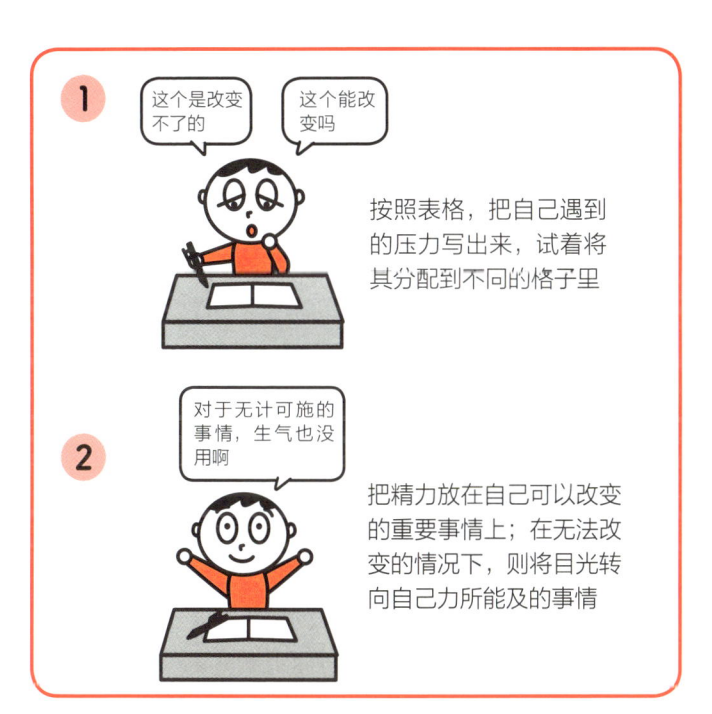

①
- 这个是改变不了的
- 这个能改变吗

按照表格，把自己遇到的压力写出来，试着将其分配到不同的格子里

②
- 对于无计可施的事情，生气也没用啊

把精力放在自己可以改变的重要事情上；在无法改变的情况下，则将目光转向自己力所能及的事情

对属于"自己无法改变且重要"一栏的事情，也并不是必须忍耐。

在接受自己对此无能为力的基础上，就可以进一步思考应该怎么做才好，把目光转向自己力所能及的事情并采取行动。

例如，如果不喜欢电车经常晚点，可以早起一会儿，提早去上班；如果害怕接到投诉电话，就要好好掌握处理投诉的技巧。

学会有效生气

Lesson 12

养成习惯 焦虑日志

写出令你感到担忧的事情

▍把眼前的事和未来的事分开

使用和上一页的压力日志相同的表格,写出令你感到担忧的事情。

比如:如果发生地震怎么办?是否发生地震不是我们可以控制的。在这种时候,你可以事先准备好应急的食物和其他必需品,与家人约定紧急时刻的联系方式……诸如此类,做一些力所能及的事情。

如上所述,对于无法控制的事情就坦然接受,对于可以控制的事情则要思考应对策略,并付诸行动。

效果
- 让人能够客观地看待担忧
- 不会过度焦虑

Part 5 愤怒时的应对方法

如何写下令人担忧的事情

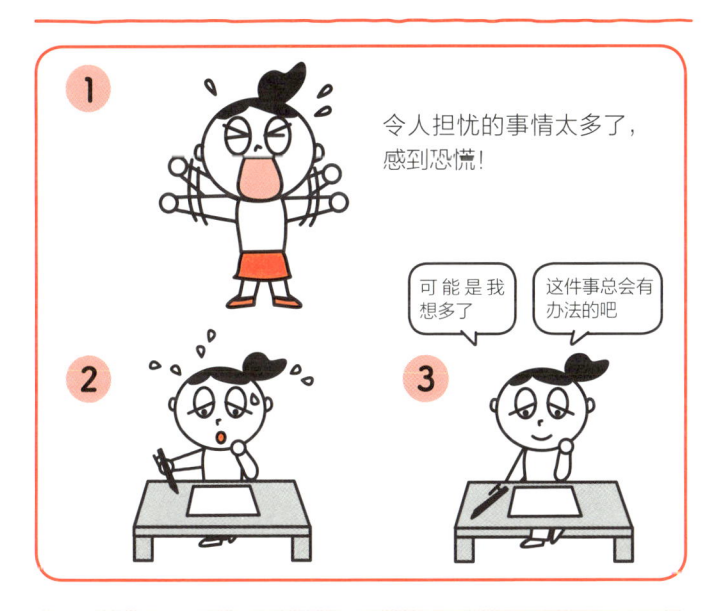

1. 令人担忧的事情太多了，感到恐慌！

2. 可能是我想多了

3. 这件事总会有办法的吧

● 眼前的事 ●

做报告那天孩子发烧了怎么办
如果不能在规定期限内完成这项工作怎么办

● 未　来 ●

因为丈夫的工资较低，所以担心晚年的生活
发生地震怎么办
生病了怎么办

131

学会有效生气

Lesson 13

养成习惯 快乐日志和成功日志

记录开心的事情和成功的体验

▎每次做记录都会感到更幸福

在日常生活中，不仅有令人感到烦躁的事情，也有很多让人开心和进展顺利的事情。通过记录这些积极的体验，就能养成一种积极向上的体质。

在同学会上见到了学生时代的朋友们，今天早上起得很早，今天的煎蛋卷做得很成功……诸如此类，即便是很小的事情也可以。

这种日志没有固定的格式，把你觉得容易写的内容记录下来就好。

效果

●快乐日志：让你对很小的事情也能感到幸福

Part 5 愤怒时的应对方法

- 成功日志：让你对自己产生信心
- 坚持记录这两种日志，就能养成不易怒的体质

如何记录快乐日志和成功日志

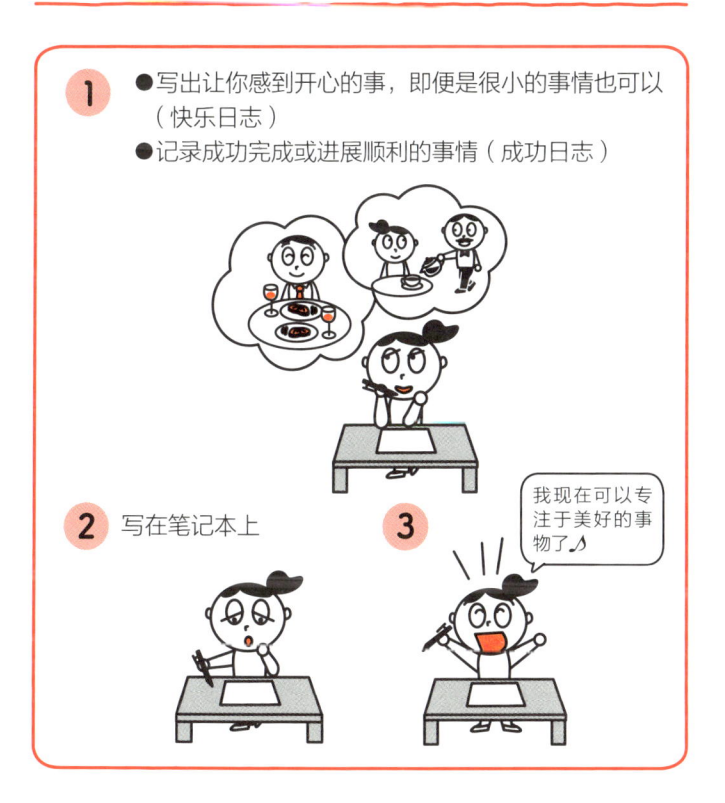

1
- 写出让你感到开心的事，即便是很小的事情也可以（快乐日志）
- 记录成功完成或进展顺利的事情（成功日志）

2 写在笔记本上

3 我现在可以专注于美好的事物了♪

学会有效生气

Lesson 14

立竿见影 着陆

使用集中意识的技巧

将注意力集中在"此时此地",消除杂念

经常发怒的人,往往容易把思绪转向过去和未来。

每当想起过去的事情,愤怒就会涌上心头;或是对未来抱有阴暗的想法:总有一天我要报复……

当你发现自己的思绪跑到了过去或未来时,要把注意力转回"此时此地"。这能让你专注于眼前的事情,而不是被愤怒分散注意力。当你感到强烈的愤怒和怨恨,或者想起从前生气的事而怒火重燃,又或者对未来抱有阴暗的期待时,都可以尝试一下这种方法。

效果

● 从持续的愤怒中解放出来
● 不会怒气冲天

Part 5 愤怒时的应对方法

如何将注意力转向"此时此地"

1. 发生了令人烦躁的事

2. 关注或拿起眼前的某样东西

   笔、智能手机、电脑等，什么都可以

3. 集中注意力，对其进行观察

   它是什么颜色的？什么形状的？有破损吗？

把注意力转向"此时此地"，不再考虑多余的事情！

学会有效生气

将注意力转向当前的方法步骤

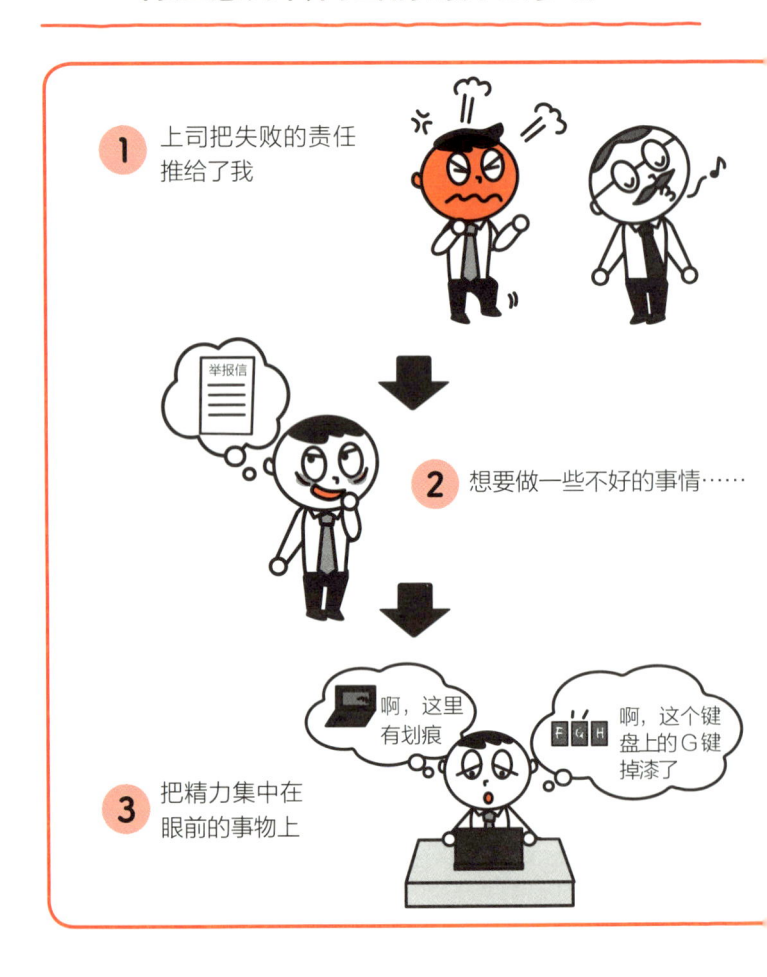

1 上司把失败的责任推给了我

2 想要做一些不好的事情……

3 把精力集中在眼前的事物上

啊,这里有划痕

啊,这个键盘上的G键掉漆了

Part 5 愤怒时的应对方法

4 将关注点放在"此时此地",就不会一直纠结于过去或未来了

特别推荐给那些容易想起过去的事而生气的人,请务必反复尝试。

学会有效生气

Lesson 15
立竿见影 奇迹日训练

想象令人愤怒的问题已经得到解决

| 郁闷的心情一扫而空！

在愤怒无法平息时，可以想象一种理想的状态，在那个奇迹之日，引发愤怒的根源问题全部得到了解决。通过描绘这种理想状态，就能知道自己想要怎么做了，心情也会变好。

当你感到愤怒、闷闷不乐，满脑子都是同一件事，或者总是抱着阴暗的想法，想着"有朝一日我要报复"时，推荐使用这种方法。

效果
- 摆脱愤怒情绪
- 产生幸福的心情
- 明确目标

Part 5 | 愤怒时的应对方法

想象时必须知道的事

1 如果能够把它具体地想象出来,你希望的结果会更容易实现!

2 多在脑海中描绘"如果这样就好了"的场景

3 如果难以进行想象,就让五感放松

> 点上自己喜欢的香薰,戴上热敷眼罩,刺激五感,让心情变好

学会有效生气

想象的方法步骤

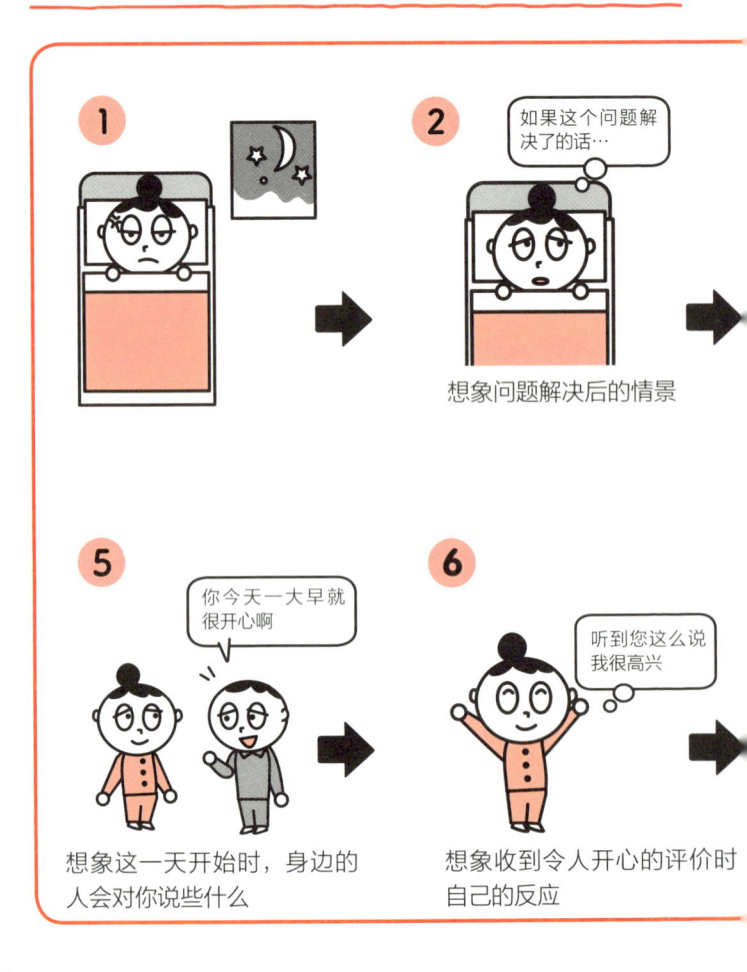

1

2 如果这个问题解决了的话…

想象问题解决后的情景

5 你今天一大早就很开心啊

想象这一天开始时,身边的人会对你说些什么

6 听到您这么说我很高兴

想象收到令人开心的评价时自己的反应

Part 5 愤怒时的应对方法

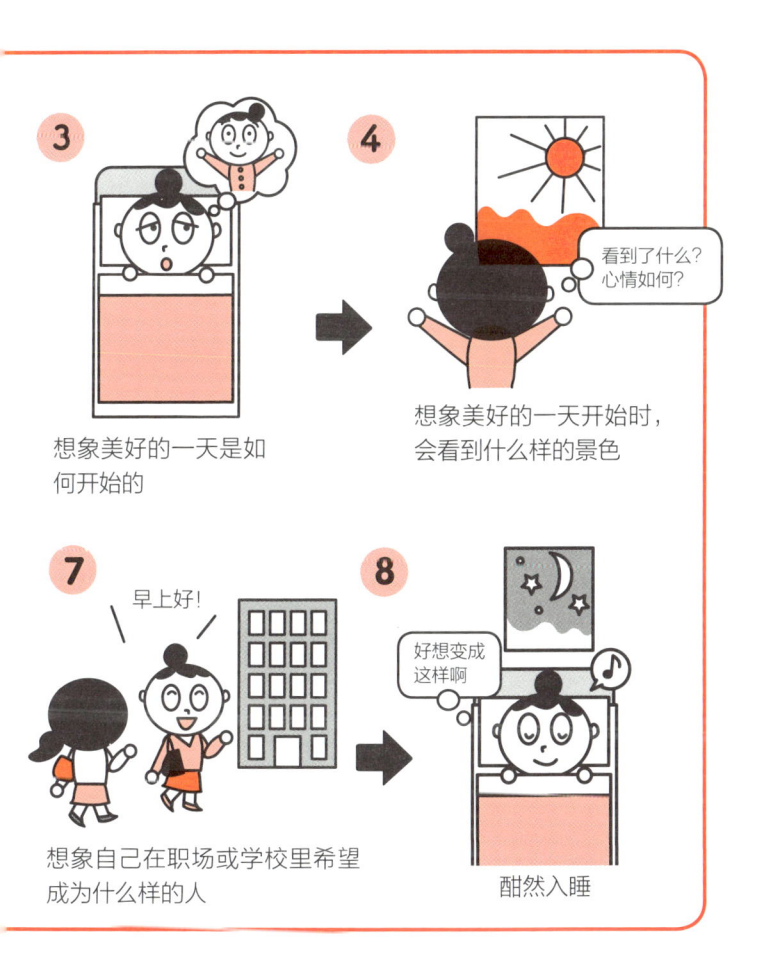

③ 想象美好的一天是如何开始的

④ 想象美好的一天开始时，会看到什么样的景色

看到了什么？
心情如何？

⑦ 想象自己在职场或学校里希望成为什么样的人

早上好！

⑧ 酣然入睡

好想变成这样啊

> 学会有效生气

Lesson 16

立竿见影 保持冷静 24 小时

平静一整天

| 演出美好的一天,现实也会随之改变

试着扮演在上一页介绍的奇迹日训练中,你理想中的自己,坚持一整天,即 24 小时。想象问题全部解决后自己的愉快心情,有意识地表现出平静的表情、态度和措辞。

试着观察一下,当你表现出温和的态度时,身边的人会有怎样的反应,会发生哪些变化。你会切实感受到,一旦你做出了改变,对方的反应以及你们的互动方式都会随之变化。

> 效果

- 切实体验到当你改变自己的行为时,周围的人会发生怎样的变化
- 能够实际改善和身边的人的关系

Part 5　愤怒时的应对方法

就这样行动

1. 决心 24 小时内保持冷静

2. 改变待人接物的方式

3. 措辞也要改变

4. 扮演最棒的自己

> 这么做的过程中,你会觉得"不生气的生活真的很舒服"

学会有效生气

Lesson 17
立竿见影 改变日志

写下你想做的改变

▎让拖拖拉拉的人也能马上行动起来

首先想象奇迹日训练中希望达成的目标,然后思考实现这一目标所需的具体的步骤,试着把它们写出来。

如果制定的目标非常远大,会因为难以付诸行动而感到厌烦,甚至放弃。但是,如果试着写出一些马上就能做到的小事,开始行动就会变得容易多了。

这个方法适合脑子里想了很多,却总是不能付诸行动的人。

效果
- 通过设定具体的目标和行动计划,让行动变得更容易
- 制订由一系列小事组成的行动计划,从而更容易体会到成就感

Part 5 愤怒时的应对方法

如何设定目标，制订行动计划

想要做出的改变

实现改变所需要的

- 现实而具体的目标
- 达成目标的期限

例：
我想做一个不会对孩子发脾气、拥有温和笑容的妈妈

- 每天早上对着镜子检查自己的笑容
- 孩子没有收拾房间的时候，不要生气大吼："为什么不好好收拾！"而是简单地说："去收拾一下吧。"
- 每天早上起床后和晚上睡觉前，笑着和孩子打招呼
- 在一个月内做到

难度不要太高，从轻易就能完成的水平开始制订计划吧。

145

Lesson 18

立竿见影 呼吸放松法

深呼吸

迅速消除怒气,沉着应对

在感到愤怒的时候,可以缓慢地进行腹式呼吸,让自己的心情平静下来。一旦感到烦躁,就用鼻子吸气,然后从口中慢慢地吐出来。

4秒吸气,8秒呼气。这样重复两三次,无谓的愤怒就会消失。

这种方法适合总是感情用事,或者习惯于把愤怒强压下去的人。

效果
- 腹式呼吸可以加强副交感神经的活动,缓解身体紧张,放松心情
- 平静下来之后,怒气也会随之平息

Part 5 | 愤怒时的应对方法

如何深呼吸

1 提醒孩子打扫房间

"你啊,房间里这么脏,快点收拾一下!"

"烦死了!臭老太婆"

2 慢慢吸气,持续4秒

3 慢慢呼气,持续8秒

4 沉着应对

"总之要记得收拾啊"

失败的例子

"你这孩子!怎么跟父母说话呢!" ×
不可以感情用事

147

Lesson 19

养成习惯 身体放松法

让身体放松

▍适度运动可以帮助你保持内心的平静

面对愤怒，可以通过有氧运动和伸展运动来改善体质，让自己变得不那么容易烦躁。激烈的运动无法起到放松的效果，但是一些不太累的运动可以帮助你以健康的方式释放压力。

效果

- 持续一定时间的有氧运动，能促使大脑释放出具有减压效果的内啡肽和 5- 羟色胺，培养出不易烦躁的体质

Part 5 愤怒时的应对方法

有氧运动推荐

最近总是觉得烦躁不安……

酗酒、暴饮暴食、赌博、抽烟、上网或玩游戏超过 2 小时等，都会使人产生依赖性，不利于消除压力。

> 学会有效生气

Lesson 20
养成习惯 角色扮演练习

投入地扮演一个理想人物

| 通过扮演一个理想的人物,向理想中的自己靠近

选择一个理想的人物,比如电影、电视、历史上的伟人,或是令人尊敬的上司、前辈等。

那个人在生气的时候会怎么做?会说些什么?努力让自己扮演那个人。

平时多研究那个人的发言、警句、习惯、行为举止、小故事,确保自己即使在烦躁的时候,也能保持令人心情舒畅的举止。

效果

● 通过扮演一个理想的角色,逐步接近理想中的性格

Part 5 愤怒时的应对方法

如何扮演一个理想人物

1 有烦心事的时候

后辈们真是越来越没用了

坂本龙马

2 想象一个理想的人物

他一定不会苛骂部下吧

3 通过投入地扮演理想中的角色，向自己理想中的性格靠近！

如果遇到什么事，请跟我商量。大家一起解决

如果是龙马的话，会用这样的态度来对待他们吧

| 学会有效生气 |

Lesson 21

养成习惯 自问自答的三步法

跟自己辩论

一个人冷静地寻找解决方案

这种方法能够帮助你找到引发愤怒的"应该",也就是核心信念,从而更好地思考应当如何应对愤怒。

在时间充裕的时候,一个人安静地、从容地练习,试着自问自答:这个"应该"是绝对的吗?是所有人都能接受的吗?

这样做并不是为了强压怒火,而是要找到一个长期来看能让自己和身边的人都满意的答案。

效果
- 客观地审视是什么样的"应该"导致了自己的愤怒,从而发现自己的偏差之处
- 找到应对愤怒的好方法

Part 5 愤怒时的应对方法

使用自问自答的三步法，写出自己认为的"应该"

会因为哪些事感到愤怒

- 新员工不会接电话
- 不懂发邮件时的礼仪
- 上茶的礼仪也不知道

反映了怎样的"应该"

- 即使是新员工，也是个成年人了，接个电话总应该会的
- 应该懂得发邮件时的礼仪
- 应该知道怎么给客人上茶

该如何看待这个问题

- 也许至今为止都没有人教过她……
- 可能是没有经验……
- 不要因为没做好的事情烦躁，而是应当及时进行指导

学会有效生气

跟自己辩论的方法步骤

1 产生"应该如此这般"的愤怒

> 帮忙接个电话应该是能做到的……发送商务邮件时的礼仪也应该知道

> 应该知道上茶的礼仪……为什么这个姑娘就是做不到呢?

2 写出引起愤怒的"应该"

Part 5 愤怒时的应对方法

3

从"长远来看,能让自己和身边的人获得健康幸福"的角度来思考解决办法

> 看来,必须从头开始指导啊

> 好的

> 遇到这种情况,要说:"能请您稍等一下吗?"好好记住我的话,下次一定要做到

4 采取行动

愤怒管理是以解决问题为导向的,要引导对方做出你所希望的行为。只要想想怎样才能让自己和周围的人保持健康,自然就会知道该怎么做了。

学会有效生气

Lesson 22

养成习惯 打破模式

打破无效的模式

打破恶性循环,为良好行为创造契机

要敢于打破总是无意识地重复着的言语和行为模式,为顺畅的沟通创造机会。

你可能总是因为同样的事,对同一个人发火;或者老是说出某些糟糕的话,做出某类糟糕的行为。这时,就需要打破平时的模式,才有机会孕育出良好的行为。

效果

- 有意识地改变坏习惯,从而为改变行为创造契机
- 能够注意到自己无意识的坏习惯
- 能够更加灵活地应对变化

Part 5 | 愤怒时的应对方法

改变旧习惯的方法步骤

1 和往常一样,又发生了令人不快的事

- 为什么总是犯错啊!
- 我也想按您说的去做,但是——

2 不想总是这样重复啊……

3 乘坐电车时换一个车厢

今天坐在这里

4 尝试不常点的饮料

- 给我一杯奶茶
- 今天不喝咖啡啦

5 改变每天早上看的节目

今天看这个节目

6 就能不再重复以前的说话方式了

为了不再犯同样的错误,我们一起检查一遍吧

> 学会有效生气

Lesson 23

养成习惯 情侣对话

请第三方从中调解

▌请第三方介入有助于冷静地解决问题

如果两个人虽然尝试对话，但总会陷入情绪化的状态，或者无论如何都无法取得进展。这时，可以请第三方介入来解决问题。

在美国，这种方法自 20 世纪 60 年代开始用于婚姻治疗，也被称为"重归于好的抛接球练习"。

这种方法引入了一位值得信赖的第三方，让人能够冷静地进行对话。当你有一件迫切希望解决的重要事项需要讨论时，推荐使用这个方法。不过，第三方的参与并不是必须的，两个人也可以使用这个方法。

效果

● 当两个人各说各的，总是做无效沟通时，第三方的

Part 5 愤怒时的应对方法

介入可以将对话导向解决问题的方向
- 不只是夫妻间,上司与下属、同事、朋友之间也可以使用

适用场景

丈夫:
- 即使在休息日也会优先考虑工作
- 忽视了和家人在一起的时间
- 不肯帮忙带孩子
- 家务事也全部扔给妻子

妻子:
- 希望家人能在假期里一起出游,哪怕一个月只有一次也好,但是得不到丈夫的理解
- 总是把房间弄得乱七八糟,不肯收拾
- 一味铺张浪费,家庭收支赤字不断
- 家人沟通不畅

学会有效生气

对话过程

妻子：第三方介入，三个人一起进行对话

> 你把孩子和家务都扔给我一个人，我很讨厌这一点

第三方：首先，由一方（A）具体说出自己对对方的不满之处

> 请重复你妻子刚才说的话

丈夫：引导对方（B）重复A的发言

> 你不喜欢我把孩子和家务都交给你

妻子：B重复A所说的话

> 这样让我很辛苦，而且感到很孤单

丈夫：

> 你一定又辛苦又孤单吧

第三方：

> 那么，请说出三个你希望丈夫做出改变的地方

第三方敦促A说出希望B做出改变的地方

Part 5 愤怒时的应对方法

妻子：希望你能每个月和家人一起出去一次。再有就是希望你能每周在家里打扫一次卫生。还希望你能每周给孩子洗三次澡

最后，A 说出了三件希望对方改变的事情

第三方：那么先生，你可以从中选择一项，向妻子做出承诺

第三方促使 B 在 A 提出的希望中选择一项，并对 A 做出承诺

丈夫：每个月全家一起出去一次

B 选择一件自己能够做到的事情，做出承诺

第三方：就这么说定了

达成一致，对话顺利结束

结束语

切断愤怒的连锁

我经常会接到这样的咨询：

我想让总是生气的家人或同事了解愤怒管理，该怎么做呢？

不能只有我一个人学习愤怒管理，对方才更应该学！

我能理解这样想的心情。

但是，要改变对方是很难的。

即使是家人，也不可能控制对方。

> 学会有效生气

你自己又怎么样呢?

你很容易生气,想办法改改自己的毛病吧!

请马上去学习愤怒管理!

如果有人对你这么说,你会坦率地接受,觉得"那就学学看吧"吗?

愤怒管理并不是控制对方的愤怒。
而是要面对自己的愤怒。

比起他人单方面的强迫,人只有在自己感兴趣的时候,才会开始行动。

所以,当你产生了想要改变某个人的念头时,首先要学会管理自己的愤怒,不要被它所左右。

结束语

这也将成为改变对方的契机。

我之所以会写这本书,契机在于某位书店店长的一句话。

我和出版社的销售人员一起拜访书店时,店长提出了这样一个要求:

"户田老师的《愤怒管理:不生气的表达方式》是一本非常好读的书。我们希望能让更多的人了解愤怒管理,所以,为了让不习惯读商务书籍的中学生和老年人也能轻松阅读,可以做一个图解版吗?"

如果没有这句话,这本书也许就不会成形了。非常感谢这位店长。

在此,我还要感谢日本愤怒管理协会的代表理事安藤

学会有效生气

俊介,他是我学习愤怒管理时的导师。在我写作本书的过程中,他欣然接受了主编一职。谢谢。

此外,我还在写作时听取了书店店长的意见,还有帮助我将构想变为现实的山下津雅子常务,再次担当责任编辑、给予我大力支持的星野友绘,画了可爱插图的石山沙兰,谢谢大家。

最后,还有一直在我身边支持我的家人,也就是我的丈夫和儿子。
这次也要谢谢你们。

2016 年 10 月

户田久实

主编：安藤俊介

日本愤怒管理协会代表理事、愤怒管理顾问。

1971年出生于日本群马县。2003年赴美留学，学习愤怒管理理论，成为将该理论引入日本的第一人。从美国国家愤怒管理协会（National Anger Management Association）1500位愤怒管理推广大使中脱颖而出，成为15位最高级别的职业培训师中的唯一一位外籍导师。

在多家企业、教育委员会、医疗机构等进行演讲、培训，每年培训人数超过2万人。

主要著作有《改变爱生气的你》《第一本"控制愤怒"的指导手册》《愤怒情绪控制入门》《败给愤怒的人，利用愤怒的人》等。

作者：户田久实

Adot Communication股份有限公司董事长、日本愤怒管理协会理事。

立教大学毕业后，进入大型企业工作，成为一名培训讲师。2008年成立Adot Communication股份有限公司。在大型企业及政府机关举办以"沟通术"为主题的培训与讲座,培训对象覆盖从新员工到管理层的各类职场人员。担任讲师26年间,开展培训3000多场,指导人数达10万人。

著作有《生气时,还可以从容表达的人才厉害》《高情商沟通:阿德勒告诉你情商高就是会说话》《扭转结果的沟通技巧大百科》等。

ZUKAI ANGER MANAGEMENT – ITSUMO OKKOTTEIRU HITO MO UMAKU OKORENAIHITO MO
by Kumi Toda
Copyright © 2016 Kumi Toda
Original Japanese edition published by KANKI PUBLISHING INC.
All rights reserved
Chinese (in Simplified character only) translation rights arranged with
KANKI PUBLISHING INC. through Bardon-Chinese Media Agency, Taipei.

中文简体字版专有权属东方出版社
著作权合同登记号 图字：01-2022-4072 号

图书在版编目（CIP）数据

学会有效生气：图解愤怒管理 /（日）户田久实著；刘文玲译 . —北京：东方出版社，2022.12
ISBN 978-7-5207-3040-2

Ⅰ. ①学… Ⅱ. ①户… ②刘… Ⅲ. ①愤怒—自我控制—通俗读物 Ⅳ. ① B842.6-49

中国版本图书馆 CIP 数据核字（2022）第 205138 号

学会有效生气：图解愤怒管理
（XUEHUI YOUXIAO SHENGQI: TUJIE FENNU GUANLI）

作　　者：	[日] 户田久实
译　　者：	刘文玲
策　　划：	王若菡
责任编辑：	王若菡
装帧设计：	西穆设计
出　　版：	东方出版社
发　　行：	人民东方出版传媒有限公司
地　　址：	北京市东城区朝阳门内大街 166 号
邮　　编：	100010
印　　刷：	嘉业印刷（天津）有限公司
版　　次：	2022 年 12 月第 1 版
印　　次：	2022 年 12 月第 1 次印刷
开　　本：	787 毫米 × 1092 毫米　1/32
印　　张：	6
字　　数：	87 千字
书　　号：	ISBN 978-7-5207-3040-2
定　　价：	49.80 元
发行电话：	（010）85924663　85924644　85924641

版权所有，违者必究
如有印装质量问题，我社负责调换，请拨打电话：（010）85924602　85924603